E. Weck · E. Leistner

(fachliche Überarbeitung/technical revision
G. Weilnhammer)

Metallographische Anleitung zum Farbätzen nach dem Tauchverfahren

Teil I: Farbätzen nach Klemm
3., überarbeitete Auflage

Metallographic instructions for colour etching by immersion

Part I: Klemm colour etching

3., revised edition

Bibliografische Information/Bibliographic information Der Deutschen Bibliothek

Die Deutsche Bibliothek verzeichnet diese Publikation in der Deutschen Nationalbibliografie; detaillierte bibliografische Daten sind im Internet über http://dnb.d-nb.de abrufbar.

The German Library lists this publication in the German National Bibliography; detailed bibliographic data is available on the Internet at http://dnb.d-nb.de .

Fachbuchreihe Schweißtechnik
Band/Volume 77/I

3., überarbeitete Auflage /revised edition (fachliche Überarbeitung/technical revision G. Weilnhammer)

ISBN: 978-3-96144-314-7 (Print)
ISBN: 978-3-96144-315-4 (E-Book)

Herstellung/Production: WirmachenDruck GmbH, Backnang

Vorwort zur 3. Auflage

Als mittlerweile unentbehrliche Ergänzung zur traditionellen Schwarz-Weiß-Ätzung ist die Farbätztechnik nach dem Tauchverfahren aus der metallographischen Praxis nicht mehr wegzudenken.

Anfangs scheuen jedoch Mitarbeiter und Mitarbeiterinnen der Metallographielabore aufgrund mangelnder Erfahrung in Präparation und mikroskopischer Auswertung die Anwendung dieser Technik.

Das Bestreben der Verfasser ist es, allen Interessierten den Umgang mit diesem aussagekräftigen und trotzdem einfachen Verfahren zur Gefügebeurteilung anhand vieler anschaulicher Beispiele zu erleichtern.

Dieser erste Teil behandelt die Farbätzmittel nach Klemm für unlegierte und niederlegierte Stähle und Manganhartstahl, Gusseisen und Kupferwerkstoffe und Lötungen.

Der zweite Teil die Farbätzmittel nach Beraha und ihre Abwandlungen für niedriglegierte und hochlegierte Stähle, Nickel-Basis-Legierungen und Kobalt-Basis-Legierungen.

Im dritten Teil werden Farbätzmittel auf Selensäure-Basis behandelt sowie Farbätzmittel nach Weck für Titan und Aluminium und deren Legierungen beschrieben.

In allen drei Bänden soll größter Wert auf die Beschreibung der praktischen Durchführung und Deutung dieser Ätzungen gelegt werden, damit auch unerfahrene Metallographinnen und Metallographen in kürzester Zeit mit diesem Verfahren arbeiten können.

Alle Personen, die diese Technik bereits anwenden, werden bestätigen, dass diese Ätzungen in vielen Fällen zur Entwicklung, Erkennung und Interpretation von Gefügearten eine große Hilfe sind.

Herzlich gedankt sei an dieser Stelle der Schweißtechnischen Lehr- und Versuchsanstalt (SLV München), aus derem Labor unter Leitung von Frau Erika Weck die meisten der gezeigten Beispiele stammen.

Der Dank gilt ebenso Frau Elisabeth Leistner, die bei der Erstellung aller drei Bände tatkräftig mitgewirkt hat und Frau Brigitte Jaspers, die einige Bildbeispiele zur Verfügung gestellt hat.

Forstern, im Januar 2026

G. Weilnhammer

Foreword to the 3rd edition

As an indispensable addition to traditional black and white etching, colour etching using the immersion process has become an integral part of metallographic practice.

Initially, however, staff in metallography laboratories were reluctant to use colour etching laboratories were initially reluctant to use this technique due to a lack of experience in preparation and microscopic analysis.

The authors endeavour to make it easier for all interested parties to use this informative yet simple method of microstructure evaluation by means of many illustrative examples.

This first part deals with colour etchants according to Klemm for unalloyed and low-alloy steels and manganese hard steel, cast iron, copper materials and brazing.

The second part deals with colour etchants according to Beraha and their modifications for low-alloy and high-alloy steels, nickel-based alloys and cobalt-based alloys.

The third part deals with selenic acid-based colour etchants and Weck colour etchants for titanium and aluminium and their alloys.

In all three volumes, great emphasis is placed on describing the practical implementation and interpretation of these etchings so that even inexperienced metallographers can work with this technique in a very short time.

All those who already use this technique will confirm that these etchings are a great help in many cases for the development, recognition and interpretation of microstructures.

We would like to take this opportunity to thank the Schweißtechnische Lehr- und Versuchsanstalt (SLV Munich), from whose laboratory, under the direction of Mrs Erika Weck, most of the examples shown originate.

Thanks are also due to Mrs Elisabeth Leistner, who was actively involved in the production of all three volumes, and to Mrs Brigitte Jaspers, who provided some examples of images.

Forstern, January 2026

G. Weilnhammer

Inhaltsverzeichnis

Vorwort zur 3. Auflage

Bildverzeichnis

Einleitung 1

1 Allgemeine Angaben zum Farbätzen 2
1.1 Schleif- und Poliermaschinen für die Schliffherstellung 2
1.2 Chemikalien zum Farbätzen 2
1.3 Farbfotografie am Mikroskop 2
1.4 Schwarz-Weiß-Fotografie farbgeätzter Gefüge 4
1.5 Begriffserklärung 4
1.6 Erfahrungen zum Farbätzen nach dem Tauchverfahren 6

2 Schliffherstellung zu den einzelnen Werkstoffen 8
2.1 Gusseisen, unlegierter und niedriglegierter Stahl und Manganhartstahl 8
2.2 Kupfer und Kupferlegierungen 8

3 Farbätzmittel nach Klemm 10
3.1 Ansetzen der Stammlösung 10
Kaltgesättigte Natriumthiosulfatlösung 10
3.2 Farbätzen nach Klemm I 10
Gusseisen, unlegierter und niedriglegierter Stahl und Manganhartstahl 10
3.2.1 Anwendungsbeispiele *12*
Phosphorseigerungen 12
Farbbildseiten I 14
Zementitnachweis 16
Farbbildseiten II 18
Schweißverbindungen an unlegierten Stählen 20
Farbbildseiten III 22
Wärmebehandlungen (Glühen) 24
Farbbildseiten IV 26
Farbbildseiten V 28
Niedriglegierte Stähle 30
Farbbildseiten VI 32
Gusseisen 34
Manganhartstahl 34
Farbbildseiten VII 36
Verbindungen verschiedener Werkstoffe durch Löten und Schweißen 38
Farbbildseiten VIII 40
Farbbildseiten IX 42
3.3 Farbätzen nach Klemm II 44
Kupferlegierungen und Weichlotverbindungen zwischen Kupfer und Kupferlegierungen 44
3.3.1 Anwendungsbeispiele *44*
Lötverbindungen und Kupferlegierungen 44
Farbbildseiten X 46
3.4 Farbätzen nach Klemm III 48
Kupfer und Kupferlegierungen 48
3.4.1 Anwendungsbeispiele *48*
Reinkupfer und Messing 48
Messing 48
Farbbildseiten XI 50
Bronze 52
Lötverbindungen 52
Farbbildseite XII 54
Schweißverbindungen 56
Farbbildseite XIII 58

4 Schrifttum 60

Contents

Foreword to the 3rd edition

Index of images

Introduction 1

1 General information in colour etching 3
1.1 Abrasive and polishing materials for preparing specimens 3
1.2 Chemicals for colour etching 3
1.3 Photography under the microscope 3
1.4 Black and white photography of colour etched structures 5
1.5 Glossary 5
1.6 Hints and recommendations for colour etching by immersion 7

2 Preparing specimens of the individual materials 9
2.1 Cast iron, unalloyed and low-alloy steel and manganese steel 9
2.2 Copper and copper alloys 9

3 Klemm colour etchants 11
3.1 Mixing the stock solution 11
Cold-saturated sodium thiosulphate solution 11
3.2 Klemm I colour etching 11
Cast iron, unalloy and low-alloy steel and manganese steel 11
3.2.1 Some examples of possible applications 13
Phosphorous segregations 13
Colour images I 14
Cementite detection 17
Colour images II 18
Welds in unalloyed steels 21
Colour images III 22
Heat treatments 25
Colour images IV 26
Colour images V 28
Low alloy steels 31
Colour images VI 32
Cast-iron 35
Mangenese steel 35
Colour images VII 36
Joints between different materials made by brazing and welding 39
Colour images VIII 40
Colour images IX 42
3.3 Klemm II colour etching 45
Copper alloys and soldered joints between copper and copper alloys 45
3.3.1 Some examples of possible applications 45
Soldered joints and copper alloys 45
Colour images X 46
3.4 Klemm III colour etching 49
Copper and Copper alloys 49
3.4.1 Some examples of possible applications 49
Pure copper and brass 49
Brass 49
Colour images XI 50
Bronze 53
Brazed joints 53
Colour images XII 54
Welded joints 57
Colour images XIII 58

4 References 60

Bildverzeichnis

Beschreibung	Bildnummer	Seite
Farbätzen nach Klemm I		
Gusseisen, unlegierter und niedriglegierter Stahl und Manganhartstahl		
Phosporseigerungen	1-8	14-15
Zementitnachweis	9-14	18-19
Schweißverbindungen an unlegierten Stählen	15-22	22-23
Wärmebehandlungen (Glühen)	23-38	26-29
Niedriglegierte Stähle	39-45	32-33
Gusseisen	46-49	36
Manganhartstahl	50-52	37
Verbindungen verschiedener Werkstoffe durch Löten und Schweißen	53-65	40-43
Schnellarbeitsstahl	66-67	43
Farbätzen nach Klemm II		
Kupferlegierungen und Weichlötverbindungen zwischen Kupfer und Kupferlegierungen		
Lötverbindungen und Kupferlegierungen	68-75	46-47
Farbätzen nach Klemm III		
Kupfer und Kupferlegierungen		
Reinkupfer und Messing	76-83	50-51
Bronze, Rotguss	84-91	54-55
Schweiß- und Lötverbindungen	92-99	58-59

Index of images

Description	Image number	Page
Klemm colour etchants I		
Cast-iron, unalloyed and low-alloy steel and manganese steel		
Phosporus segregations	1-8	14-15
Cementite detection	9-14	18-19
Welds in unalloyed steels	15-22	22-23
Heat treatments	23-38	26-29
Low alloy steels	39-45	32-33
Cast-iron	46-49	36
Manganese Steel	50-52	37
Joints between different materials made by brazing and welding	53-65	40-43
High-speed steel	66-67	43
Klemm II colour etching		
Copper alloys and soldered joints between copper and copper alloys		
Soldered joints and copper alloys	68-75	46-47
Klemm III colour etching		
Copper and copper alloys		
Pure copper and brass	76-83	61-62
Bronze, red brass	84-91	65-66
Welded and brazed joints	92-99	69-70

Einleitung

Farbätzungen nach dem Tauchverfahren werden inzwischen seit vielen Jahren immer häufiger angewendet, da man in vielen Fällen erst mit ihrer Hilfe Mikrogefüge zufriedenstellend sichtbar machen kann.

Im Vergleich zu den üblichen Schwarz-Weiss-Ätzungen, die zu einem verhältnismäßig starken Abtrag der Schlifffläche führen, bilden sich beim Tauchfarbätzen dünne Sulfid- bzw. Oxidhäutchen, deren unterschiedliche Dicke dann die unterschiedlichen Farben ergeben, wobei die Schlifffläche kaum angegriffen wird. Dadurch wird die Dokumentation normalerweise kaum sichtbarer Gefügeveränderungen (z.B. Wärmeeinflusszonen, Entmischungen usw.) erst möglich.

Von Vorteil ist außerdem, dass man für diese Ätzungen außer den üblichen Ätzschalen und Zangen keine zusätzlichen Geräte benötigt und eingebettete Schliffe jeder Größe ohne Schwierigkeiten geätzt werden können, da die Ätzungen bei Raumtemperatur durchgeführt werden.

Im Folgenden soll versucht werden, dem Laborpersonal von der Schliffpräparation bis zur Schliffauswertung im Umgang mit Farbätzmitteln Hilfestellung zu leisten.

Die Aufnahmen werden 0,85fach wiedergegeben mit Ausnahme von Bild 61 (Wiedergaben 0,75fach).

Introduction

Dip colour etching has been used more and more frequently for many years now, as in many cases it is only with its help that microstructures can be visualised satisfactorily.

In comparison to the usual black and white etching, which leads to a relatively strong removal of the ground surface, thin sulphide or oxide skins are formed during dip colour etching, the different thicknesses of which then result in the different colours, whereby the ground surface is hardly affected. This makes it possible to document structural changes that are normally barely visible (e.g. heat-affected zones, segregation, etc.).

Another advantage is that, apart from the usual etching trays and tongs, no additional equipment is required for these etchings and embedded sections of any size can be etched without difficulty, as the etchings are carried out at room temperature.

In the following, an attempt will be made to assist laboratory personnel in handling colour etchants from the preparation of the section to the evaluation of the section.

The images are reproduced at 0.85x with the exception of Fig. 61 (reproduced at 0.75x).

1 Allgemeine Angaben zum Farbätzen

1.1 Schleif- und Poliermaterial für die Schliffherstellung

Da die Schliffgüte für das Gelingen einer Farbätzung nach dem Tauchverfahren ausschlaggebend ist, muss hier besonders sorgfältig und genau präpariert werden.

Nachfolgend sind die einzelnen Schritte genannt, die sich bei den Verfasserinnen besonders bewährt haben:

Schleifen: Nassschleifpapiere Gradation 120, 320, 500 und 1200.

Feinstschleifen von weichen Metallen: Schleifleinen Microcut oder Nassschleifpapier Gradation 4000.

Diamantpolieren:

- 6 µm Paste oder Suspension oder Spray auf hartem DUR- oder Pellontuch
- 3 µm Paste oder Suspension oder Spray auf Leinentuch MOL oder Ähnliches.
- 1 µm Paste oder Suspension oder Spray auf Samttuch NAP oder Ähnliches.

Endpolieren : Poliersuspension OP-S oder SPM oder Mastermet oder Ähnliches auf feinflorigem Samttuch OP-Chem oder Ähnliches unter Zugabe von neutraler, flüssiger Seife oder polieren mit Tonerde Nr. 3 auf Samttuch NAP oder ähnliches unter Zugabe von neutraler, flüssiger Seife.

1.2 Chemikalien zum Farbätzen

Die nachfolgend aufgezählten Chemikalien werden für die in den drei Farbätzbüchem erwähnten Ätzmittel verwendet:

Bezeichnung:	Formel	Bezeichnung:	Formel
Ammoniumhydrogendifluorid	$(NH_4)HF_2$	Kaliumpermanganat	$KMnO_4$
Ammoniumchlorocuprat (II)	$(NH_4)2[CUCl_4]\text{-}2H_2O$	Molybdänsäure	MoO_3
Eisen(III)-Chlorid	$FeCl_3\text{-}6H_2O$	Natriumhydroxid	NaOH
Ethanol (Äthylalkohol)	C_2H_5OH	Natriumthiosulfat	$Na_2S_2O_3\ 5H_2O$
Flusssäure	HF	Salpetersäure	HNO3
Kaliumferrizyanid	$K_3[Fe(CN)_6]$	Salzsäure	HCl
Kaliumhydroxid	KOH	Selensäure	H_2SeO_4
Kaliumdisulfit	$K_2S_2O_5$		

1.3 Fotografie am Mikroskop

Die „farbige Metallographie" setzt sich immer mehr durch. Vor allem, da heute im Zeichen der digitalen Fotografie man nicht mehr darauf angewiesen ist, mit diversen Filmmaterialien und Fotopapieren zu arbeiten.

Grundsätzlich kann hier mit allen gängigen Kameras gearbeitet werden. Es ist nur darauf zu achten, dass die Farben auf den Fotos denen am Mikroskop entsprechen. Gegebenenfalls ist mit diversen Korrekturfaktoren zu arbeiten.

1 General information on colour etching

1.1 Abrasive and polishing materials for preparing specimens

As the quality of the polish is decisive for the success of a colour etching using the dipping process, the preparation must be particularly careful and precise.

The individual steps that have proved particularly successful for the authors are listed below:

Sanding: Wet sanding papers gradation 120, 320, 500 and 1200.

Ultra-fine sanding of soft metals: Microcut abrasive cloth or grade 4000 wet sandpaper.

Diamond polishing:

- 6 µm paste or suspension or spray on hard DUR or Pellon cloth
- 3 µm paste or suspension or spray on linen cloth MOL or similar
- 1 µm paste or suspension or spray on velvet cloth NAP or similar.

Final polishing: Polishing suspension OP-S or SPM or Mastermet or similar on fine-pile velvet cloth OP-Chem or similar with the addition of neutral, liquid soap or polishing with clay No. 3 on velvet cloth NAP or similar with the addition of neutral, liquid soap.

1.2 Chemicals for colour etching

The Chemicals listed below are used for preparing the colour etchants given in the three volumes on colour etching:

Bezeichnung:	Formel	Bezeichnung:	Formel
Ammonium hydrogen difluorid	$(NH_4)HF_2$	Potassium permanganate	$KMnO_4$
Ammonium chlorocuprate (II)	$(NH_4)2[CUCl_4]\text{-}2H_2O$	Molybdenum trioxide	MoO_3
Ferric chloride	$FeCl_3\text{-}6H_2O$	Sodium hydroxide	NaOH
Ethanol (Ethyl alcohol)	C_2H_5OH	Sodium thiosulphate	$Na_2S_2O_3$ $5H_2O$
Hydrofluoric acid	HF	Nitric acid	HNO3
Potassium ferricyanide	$K_3[Fe(CN)_6]$	Hydrochloric acid	HCl
Potassium hydroxide	KOH	Selenic acid	H_2SeO_4
Potassium metabisulphite	$K_2S_2O_5$		

1.3 Photography under the microscope

"Colour metallography" is becoming more and more popular. Particularly as digital photography means that it is no longer necessary to work with various film materials and photographic papers.

In principle, it is possible to work with all standard cameras. It is only important to ensure that the colours on the photos correspond to those on the microscope. If necessary, work with various correction factors.

1.4 Schwarz-Weiß-Fotografie farbgeätzter Gefüge

Es ist selbstverständlich auch ohne weiteres möglich, farbgeätzte Gefüge mit den üblichen Schwarz-Weiß-Filmmaterialien aufzunehmen (Bilder 14 und 28).

Die Aufnahmen werden zwar nicht in allen Fällen so aussagekräftig wie Farbaufnahmen sein, da dieses Filmmaterial erheblich weniger Grauabstufungen wiedergibt, als Farbnuancen im Gefüge vorhanden sind, sie reichen aber, wo nicht anders möglich, zur Dokumentation aus.

1.5 Begriffserklärung

In der langjährigen Praxis der Verfasser hat sich ein Begriff in Verbindung mit dem Farbätzen von Metallschliffen eingebürgert, der im Folgenden erklärt werden soll:

„Nassätzen" - bedeutet, dass die Schlifffläche vor dem Eintauchen in das Ätzmittel befeuchtet werden soll, und zwar mit dem jeweiligen Verdünnungsmittel des Ätzmittels, wobei es sich in der Regel um Wasser, in seltenen Fällen um Alkohol handelt. Einfaches Leitungswasser genügt. Durch dieses „Nassmachen" der Schlifffläche kann das Ätzmittel die zu ätzende Fläche wesentlich gleichmäßiger angreifen, was zur Vermeidung von „Ätzeffekten" sinnvoll ist. Viele Ätzmittel greifen die Schlifffläche sonst dort, wo sie zuerst benetzt haben, auch zuerst an, die anderen Bereiche später, was eventuell zu Fehlinterpretationen führen könnte.

1.4 Black and white photography of colour etched structures

It is of course perfectly possible to photograph colour etched structures using ordinary black and white film (Figs. 14 and 28).

Although the photographs will not always provide as much information as colour photographs, due to fact that black and white film reproduces considerably fewer shades of grey than there are shades of colour present in the structure, such photographs will nevertheless provide an adequate record of results where colour photography is not possible.

1.5 Glossary

Over the years in which the authors have been engaged in colour etching, a term has come into use in Connection with the preparation of metal alloys to be colour etched and with the colour etching process itself. This is:

"Wet etching" - This means that the polished face of the specimen should be wetted before immersion in the etchant with the dilutant used for the etchant concerned. The dilutant will generally be water or on rare occasions alcohol. Distilled water need not be used to wet the surface of the specimen, ordinary tap water will suffice.

This initial wetting the surface of the specimen causes the etchant to attack the surface to be etched more uniformly, thus avoiding "etching effects". Many etchants otherwise initially wet and attack some areas of the surface of the specimen with other areas being etched somewhat later. This can later lead to an erroneous interpretation of the microstructure.

1.6 Erfahrungen zum Farbätzen nach dem Tauchverfahren

a) Farbzuätzende Schliffe sind besonders sorgfältig zu polieren, da die meisten Farbätzmittel feinste, beim Polieren zugeschmierte Kratzer wieder in Erscheinung treten lassen. Zur einwandfreien Schliffpräparation haben sich vor allem die Oxid-Polier-Suspensionen in Verbindung mit automatischen Poliermaschinen hervorragend bewährt.

Schliffflächen, die vor dem Ätzen schon längere Zeit fertigpoliert sind, belegen sich mit einer Passivschicht, die oft einen Ätzangriff vollständig verhindern kann. Aus diesem Grund empfiehlt es sich, zu ätzende Proben vor dem Eintauchen in die Ätzlösung frisch auf einem weichen Seidensamttuch mit Oxid-Polier-Suspension überzupolieren und nach Reinigung mit einem Wattebausch unter fließendem Wasser gleich nass in das Farbätzmittel einzutauchen (ohne Zwischentrocknen mit dem Fön).

Besonders kratzerfreie Schliffoberflächen erhält man mit dem elektrolytischen „Schockpolieren“ (1 bis 2 Sekunden bei voller Stromstärke). Der Nachteil ist, dass oft Phasen oder Einschlüsse herausgelöst werden und sich Schliffkanten nicht gut polieren lassen. Bei einigen Legierungen empfiehlt es sich, im Anschluss daran den Schliff auf einem weichen Seidensamttuch kurzzeitig überzupolieren, um einen schlierigen Ätzangriff (verursacht durch die Elektrolytströmung) zu vermeiden.

b) Flusssäurehaltige Ätzmittel, auch solche mit Ammoniumbifluorid, sollten nur in Kunststoffbehältern aufbewahrt bzw. in Kunststoffschalen angesetzt werden, da Flusssäure Glas angreift.

c) Es empfiehlt sich, Tiegelzangen, die zum Ätzen von nichteingebetteten Schliffen verwendet werden, mit einem Stück Kunststoffschlauch zu überziehen, damit unangeätzte Höfe auf den Schliffflächen um die Berührungsstellen vermieden werden.

Um unerwünschte Reaktionen des Ätzmittels mit der Tiegelzange zu minimieren, sollten möglichst Reinnickel-Zangen Verwendung finden. Beim Ätzen von Nickel-Basis-Werkstoffen findet beim Miteintauchen von Stahl-Zangen kein Ätzangriff der Schlifffläche statt (Stahlzange reagiert als Opferanode).

d) Bei wässrigen Farbätzmitteln erzielt man oft bessere Ergebnisse, wenn die Schlifffläche vor dem Eintauchen in die Ätzlösung mit Leitungswasser nass gemacht wird.

Bei den entsprechenden Ätzmitteln wird dazu jeweils gesondert darauf hingewiesen („nassätzen“).

e) Beim Farbätzen erübrigt sich im Allgemeinen eine Zwischentrocknung, das heißt, es ist angebracht, sofort nach dem Polieren zu ätzen.

Schliffe mit Rissen sollten allerdings nach dem Ultraschallreinigen erst mit dem Fön getrocknet werden, um Alkoholreste zu entfernen, die meist ein Anfärben in unmittelbarer Rissnähe verhindern.

Vor dem anschließenden Ätzen ist der Schliff dann wieder mit Leitungswasser nass zu machen;

f) Farbgeätzte Schliffe sollten, falls erforderlich, nach dem Ätzen nur kurz in Alkohol ultraschallgereinigt werden, da sich die dünnen Ätzhäutchen leicht ablösen können. Dies gilt besonders für die Klemmschen Ätzmittel.

g) Um einen gleichmäßigen Ätzangriff zu gewährleisten, empfiehlt es sich, die Schliffe gut im Ätzmittel zu bewegen, wobei jedoch stets darauf zu achten ist, dass die Anfärbung beobachtet werden kann.

h) Nach dem Farbätzen sind zwischen dem Abspülen und Fönen Trockenstellen auf der Schlifffläche unbedingt zu vermeiden, da an solchen Stellen meist Flecken auf der Ätzschicht Zurückbleiben.

i) Beim Betrachten der Schliffe im Mikroskop mit hohen Vergrößerungen unter Verwendung von Immersionsöl verblassen die Farben; Ausscheidungen auf den Korngrenzen sind aber trotzdem meist noch gut zu erkennen.

k) Manche Einbettmittel reagieren im Ätzmittel nicht neutral und können unter Umständen sogar den Ätzangriff verhindern.

l) Wichtiger Hinweis für das Färbätzen an verzinktem Stahl: Zinkschichten verhindern ein Anfärben der Schliffoberfläche. Aus diesem Grund müssen sie vor dem Ätzen entfernt werden, was durch Abbeizen mit Salzsäure geschehen kann.

1.6 Hints and recommendations for colour etching by immersion

a) Specimens to be colour etched should be polished with particular care because the majority of colour etchants cause the tiny scratches which are smeared over by the polishing process to reappear. The oxide polishing suspensions, used in conjunction with automatic polishing machines, have proven especially suitable for this purpose.

The surfaces of specimens which have been polished sometime prior to etching will become covered by a passive layer which can often completely prevent attack by the etchant. Because of this it is thus recommended that such specimens be repolished for a short time on a silk velvet cloth with an oxide polishing Suspension. The specimen should then be wiped clean with a wad of cotton wool under flowing water and immersed still wet into the colour etching solution (without first drying in warm air).

Particularly scratch-free specimen surfaces can be achieved by electrolytic "shock polishing" (1 to 2 seconds at full current). The disadvantage of this technique is that certain phases or inclusions may often be dissolved away preferentially and that the edges of the specimen will not be polished particularly well. With certain alloys it is advisable to follow this by polishing the specimen for a short time on a silk velvet cloth in order to prevent the attack on etching from becoming streaky (caused by the flow of the electrolyte).

b) Hydrofluoric acid attacks glass and for this reason etchants which contain it, including ones which contain ammonium acid fluoride, should only be kept in plastic containers and mixed in plastic dishes.

c) It is a good idea for tongs which are used to etch non-embedded specimens to have a piece of plastic tube slipped over their points to prevent unetched haloes from occurring on the etched faces around the points of contact.

In order to minimise any undesirable reaction of the laboratory tongs with the etchant, only pure nickel tongs should be used. When etching specimens of nickel-based materials held in steel tongs, the surface of the specimen will not be etched as the steel tongs will behave as a sacrificial anode.

d) When using aqueous colour etchants, better results can often be obtained if the ground face is wetted with tap water before being immersed in the etching solution. This is pointed out to the user whenever the relevant etchants are used.

e) With colour etching there is normally no need for any intermediate drying, i. e. it is quite satisfactory to etch immediately after polishing. However, after ultrasonic cleaning, specimens containing cracks should first be dried with a hairdryer to remove any residual alcohol as this generally prevents the colour from taking in the immediate vicinity of the cracks. The specimen should then be wetted again with tap water before the subsequent etching.

f) Where necessary, colour etched specimens should be ultrasonically cleaned in alcohol after the etching but only for a short time as the thin etched skin can easily be dissolved. This is particularly true of Klemm etchants.

g) To ensure a uniform attack by the etchant, it is advisable to move the specimens around well in the etchant, although care should always be taken that the taking up of the colour can be seen.

h) After the colour etching it is essential to ensure that no areas on the ground face dry out between the rinsing and the drying with hot air because spots will generally develop in the etched layer at such points.

i) When specimens are studied under the microscope at high enlargements using immersion oil, the colours become paler. Despite this, precipitates along the grain boundaries can generally still be seen satisfactorily.

k) Many embedding agents show another than neutral reaction in the etchant and under certain circumstances may even prevent the etchant from attacking the specimen.

l) An important tip for colour etching zinc-coated steel: layers of zinc prevent the ground surface from taking on a colouring. For this reason, they should be removed before etching, which can be done with hydrochloric acid.

2 Schliffherstellung zu den einzelnen Werkstoffen

2.1 Gusseisen, unlegierter und niedriglegierter Stahl und Manganstahl

Schleifen auf Nassschleifpapier bis Körnung 1200-4000.

Vorpolieren auf einem harten Kunstfasertuch mit 3 µm Diamantsuspension und einem alkoholischen Schmiermittel.

Schlusspolitur auf festem Schwammtuch, weiche zähe Werkstoffe anschließend noch einige Minuten auf kurzflorigem Seidensamttuch mit Oxid-Polier-Suspension, gegebenenfalls mit geringem Zusatz von neutraler flüssiger Seife, um feinste Kratzer und Oberflächenverformungen zu entfernen.

Selbstverständlich können alle Schleif- und Polierautomaten benutzt werden. Ebenso ist auch elektrolytisches Polieren möglich, wenn nicht Schliffränder untersucht werden müssen.

Nach der Schlusspolitur sind die Schliffe gut mit Watte unter fließendem Wasser abzureiben (gegebenenfalls Ultraschallreinigen bei Rissen oder Spalten) und zum „Nassätzen" vor dem Eintauchen in das Ätzmittel vollständig mit Leitungswasser zu befeuchten. Ein Zwischentrocknen ist nicht erforderlich.

2.2 Kupfer und Kupferlegierungen

Schleifen auf Nassschleifpapier bis Körnung 4000. Der beim Schleifen auf die Probe ausgeübte Anpressdruck sollte zur Vermeidung von Oberflächenverformungen nicht zu hoch sein.

Anschließend kann sofort mit 3-µm-Diamantsuspension und einem ölhaltigen Schmiermittel auf einem Baumwollwebtuch poliert werden; danach mit 1-µm-Diamantsuspension und dem ölhaltigen Schmiermittel auf einem kurzflorigen sehr weichen Seidensamttuch.

Schlusspolitur auf sehr weichem Seidensamttuch mit Oxid-Polier-Suspension unter Zusatz von ein paar Tropfen flüssiger neutraler Seife.

Nach dem Polieren mit 1-µm-Diamant Suspension kann auch elektrolytisch „schockpoliert" werden: 2 bis 3 Sekunden bei hoher Stromstärke und einem Kupfer-Elektrolyt.

Es hat sich gezeigt, dass es günstiger ist, die Schlifffläche beim Reinigen nach den verschiedenen Polierstufen mit einem sauberen Finger abzuwischen, als Watte oder Zellstoff zu benutzen, wodurch oft feinste Kratzer auf der Schlifffläche entstehen.

2 Preparing specimens of the individual materials

2.1 Cast iron, unalloyed and low-alloy steel and manganese steel

Grind on wet abrasive papers down to 1200 or 4000 grit.

Prepolish on a hard synthetic fibre cloth with a 3 µm diamond suspension and an alcohol based lubricant.

Finally polish on a firm cellular cloth. Soft, tough materials should be subsequently polished for a few minutes on a short napped silk velvet cloth using an oxide polishing suspension, if necessary with the addition of a few drops of neutral liquid soap to remove the lightest scratches and surface deformation.

All types of automatic grinding and polishing machines may be used. Electrolytic polishing is also possible providing that the edges of the specimen are not required to be examined.

After final polishing the specimens should be wiped clean with cotton wool under flowing water (or where cracks or gaps are present in the specimen, cleaned in an ultrasonic bath), and immersed wet directly in the etchant without drying in warm air.

2.2 Copper and copper alloys

Grind on wet abrasive papers down to 4000 grit. To prevent deformation of the specimen surface, the pressure applied to the specimen during grinding should be tried out and should not be excessive.

Polishing may be carried out immediately after grinding, initially using a 3 µm diamond Suspension with an oil containing lubricant on a woven cotton cloth, and thereafter with a 1 µm diamond suspension and the same oil containing lubricant on a short napped, very soft, silk velvet cloth.

Finally, polish on a very soft silk velvet cloth with an oxide polishing suspension to which has been added a few drops of neutral liquid soap.

Alternatively, after polishing with the 1 µm diamond suspension, electrolytic "shock polishing" may also be applied using a polishing time of 2 to 3 seconds at high current and a copper electrolyte.

It has been found preferable when washing the polished surface of the specimen, to wipe it with a clean finger rather than with cotton wool or tissue paper, as these often leave fine scratches.

3 Farbätzen nach Klemm

3.1 Ansetzen der Stammlösung

Kaltgesättigte Natriumthiosulfatlösung

Man erwärmt in einem 1-l-Erlenmeyerkolben 300 ml demineralisiertes Wasser auf etwa 30 bis 40 °C und löst dann etwa 1 kg Natriumthiosulfat.

Diese Lösung muss einen Tag absitzen, wobei ein Teil des Salzes am Boden des Kolbens wieder auskristallisiert.

Nun kann man so lange die Stammlösung entnehmen und der verbleibenden Lösung wiederholt demineralisiertes Wasser zugeben, bis das ganze auskristallisierte Salz wieder gelöst ist.

Da die Stammlösung unbegrenzt haltbar ist, kann sie (für viele Monate) auf Vorrat angesetzt werden.

Das Ätzmittel selbst ist 1 bis 2 Tage brauchbar.

3.2 Farbätzen nach Klemm I

Gusseisen, unlegierter und niedriglegierter Stahl und Manganhartstahl

Ätzmittel:	100 ml Stammlösung, 2 g Kaliumdisulfit.
Ätzbedingungen:	Die Ätzzeit beträgt 1 bis 2 min, bei Gusseisen bis 5 min.

Vor dem Ätzen sollten die Schliffe frisch überpoliert, gereinigt, mit Wasser nass gemacht und anschließend wieder gut mit Wasser abgespült werden, da Wasser das Sulfit-Ätzhäutchen etwas oxidiert und die Farben noch kontrastreicher macht. Nach der für den entsprechenden Werkstoff richtigen Ätzzeit ist die Schlifffläche im Ätzmittel braun bis blau. Die Farbe darf nicht ins grünliche übergehen, da sonst das Sulfithäutchen zu dick wird und der Schliff überätzt ist.

Erst nach dem Trocknen werden die richtigen Farben sichtbar. Sie verblassen jedoch nach längerem Liegenlassen.

Das Sulfithäutchen lässt sich sehr leicht abpolieren. Erfahrungsgemäß verbessert sogar ein mehrmaliges Ätzen und Abpolieren den Kontrast.

Auf überätzten Schliffoberflächen ist das Sulfithäutchen so dick, dass es beim Trocknen, abhängig von der Orientierung der einzelnen Kristallite zur Schlifffläche, schraffiert reißt (Schraffurätzung).

Ultraschallen nach dem Ätzen ist nicht empfehlenswert, da sich hierdurch das Ätzhäutchen ganz oder teilweise ablösen kann.

3 Klemm colour etchants

3.1 Mixing the stock solution

Cold-saturated sodium thiosulphate solution

Heat 300 ml of demineralized water to approximately 30-40 °C in a one litre Erlenmeyer flask and dissolve approximately 1 kg of sodium thiosulphate in it.

This solution should be allowed to stand for one day, when a proportion of the salt will crystallise out on the bottom of the flask. The stock solution can now be drawn off and demineralized water repeatedly added to the solution which remains until the whole of the salt which has crystallised out goes back into solution.

Since the stock solution has an unlimited shelf life, it can be mixed to provide a supply (for many months).

The etchant itself has a usable life of 1-2 days.

3.2 Klemm I colour etching

Cast iron, unalloy and low-alloy steel and manganese steel

Etchant:	100 ml of stock solution, 2 g of potassium metabisulphite
Etching conditions:	The etching time is 1-2 minutes and up to 5 minutes for cast-iron.

Before etching the specimens should be freshly polished, cleaned and wetted with water and then rinsed again thoroughly in water, as water slightly oxidises the sulphite skin formed during the etching process giving the colours greater contrast. After the appropriate etching time for the relevant material, the ground face should appear brown to blue in the etchant. The colour should not become greenish as this means the skin of sulphite has become too thick and the specimen has been over-etched. Only after drying do the true colours appear.

They will however become paler if the specimens are left for any length of time.

The skin of sulphite can very easily be polished off. From experience, etching and polishing off the skin a number of times will even improve contrast.

On over-etched surfaces, the skin of sulphite is so thick that when dried it breaks up into a hatched pattern (hatched etching) irrespective of the Orientation of the individual crystallites to the surface.

Ultrasonic cleaning after etching is not to be recommended as this can partially or completely remove the etch skin.

3.2.1 Anwendungsbeispiele

Das Ätzmittel nach Klemm I färbt Ferritkömer, abhängig von ihrer Orientierung zur Schlifffläche, unterschiedlich blaubraun (Bilder 1, 4, 7). Karbide, Phosphide etc. bleiben schneeweiß bzw. erscheinen in ihrer Eigenfarbe. Bereiche mit höherer Legierungselementkonzentration (Seigerungsstreifen, Diffusionszonen und dergleichen) sind nach dem Ätzen stets heller als ihre niedriger legierte Umgebung. Da die mit Legierungselementen angereicherten Zonen (hell) ätzresistenter sind und dadurch langsamer angegriffen werden, kann man sie eindeutig identifizieren.

Phosporseigerungen

Phosphorseigerungen werden, je nach Phosphorkonzentration im Ferritkom, gelb bis weiß gefärbt.

Die Bilder 1, 2 und 3 zeigen, dass Phosphor nicht gleichmäßig, sondern innerhalb der Seigerungszonen unterschiedlich angereichert ist. Es lassen sich noch sehr geringe Phosphorseigerungen (0,01 bis 0,02 % P) nachweisen.

Die sich im Allgemeinen in den Phosphorseigerungen befindenden Mangansulfide werden nicht angegriffen, sondern behalten ihre graue Farbe bei (Bild 4).

In Halbzeugen aus beruhigt vergossenem Stahl, hergestellt nach dem Stranggussverfahren, können die Phosphorseigerungen — vor allem in Querschnittsmitte - zeilenförmig vorliegen (Bild 6). Werden solche Stähle in Dickenrichtung beansprucht, reißen diese Seigerungszeilen terrassenbruchartig auf (Bild 7).

In der Mitte einer Schraube aus 42CrMo4 (Bild 8), wo sich neben Phosphor noch Kohlenstoff und Schwefel angereichert haben, ist es beim Schmieden zur Rissbildung gekommen.

3.2.1 Some examples of possible applications

The Klemm I etchant will colour ferrite grains in varying shades of blue-brown as a function of their orientation to the polished surface (Figs. 1, 4, 7). The carbides, phosphides etc. will either remain white or appear in their own colour. After etching, areas with higher concentrations of the alloying elements (lines of segregation, diffusion zones and the like) will always appear lighter than their lower alloyed neighbouring areas. Such areas enriched with alloying elements are positively identifiable as, being more resistant to etching, they are attacked more slowly.

Phosporus segregations

Depending upon the concentration of phosphorus in the ferrite grain, phosphorus segregations are coloured yellow to white.

Figs. 1, 2 and 3 show that the enrichment of phosphorus in the Segregation zones is not regular but varies. Even very small phosphorus seg In semi-finished products made of killed cast steel produced using the continuous casting process, phosphorus segregation can be present in rows, particularly in the center of the cross-section (Fig. 6). If such steels are subjected to stress in the thickness direction, these segregation lines tear open in the manner of terrace fractures (Fig. 7). regations (0.01 to 0.02 % P) can be detected.

The manganese sulphides which are normally present in the phosphorus segregations are not attacked and retain their grey colour (Fig. 4).

In semi-finished products made of killed cast steel produced using the continuous casting process, phosphorus segregation can be present in rows, particularly in the center of the cross-section (Fig. 6). If such steels are subjected to stress in the thickness direction, these segregation lines tear open in the manner of terrace fractures (Fig. 7).

Cracking occurred in the centre of a bolt made of 42 CrMo 4 (Fig. 8) where segregation had occurred both of phosphorus and of carbon and sulphur.

1 **50:1**

- Längsschliff aus einem unberuhigt vergossenen Baustahl, C ≤ 0,1 %.
- Der Ferrit in der nichtgeseigerten Randzone wird blau gefärbt.
- Die Phosphorseigerungen bleiben, je nach Konzentration, gelb-weiß.

- Longitudinal specimen from a killed structural steel, C ≤ 0.1%.
- The ferrite in the non-segregated edge zone is coloured blue.
- Depending upon concentration, the phosphorus segregations remain yellow to white.

2 **12:1**

- Längsschliff aus einem unberuhigt vergossenen Stahl.
- Die ferritische Randzone wird blau gefärbt, die Phosphorseigerungen in der Mittelzone gelb bis weiß.

- Longitudinal section from a killed steel.
- The ferritic outer zone is coloured blue and the phosphorus segregations in the central zone are yellow to white.

3 **20:1**

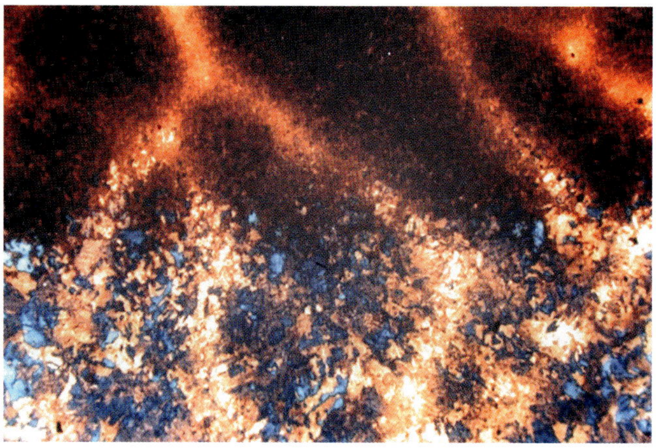

- 34CrMo4, induktiv gehärtet
- Oben: Einhärtezone martensitisch mit netzwerkartigen Seigerungen
- Unten: Kernzone bainitisch mit netzwerkartigen Seigerungen

- 34CrMo4, induction hardened
- Above: Martensitic hardening zone with network-like segregations
- Below: Core zone bainitic with network-like segregations

4 **150:1**

- Längsschliff aus einem unberuhigt vergossenen Stahl.
- Die nicht geseigerten Ferritkörner sind, je nach Orientierung, blau-braun gefärbt.
- In den gelblichen Phosphorseigerungen befinden sich die nicht angegriffenen mittelgrauen Mangansulfide.

- Longitudinal section from a killed steel.
- Depending upon orientation, the non-segregated ferrite grains are coloured blue to brown.
- Present in the yellowish phosphorus segregations are medium-grey manganese sulphides which were not attacked by the etchant.

5 **150:1**

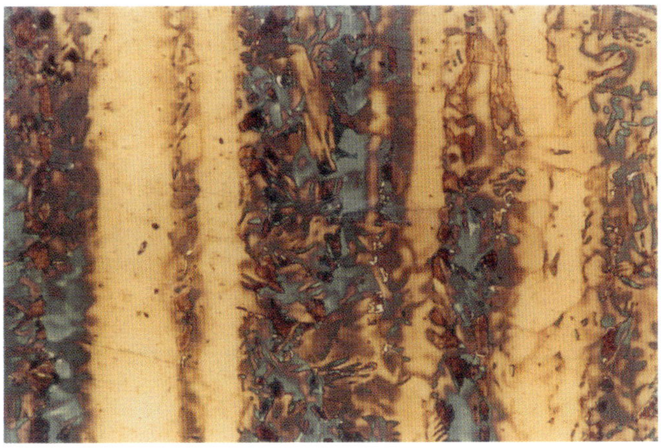

- Längsschliff aus einem unberuhigt vergossenen Stahlblech.
- Zwischen den blau gefärbten Ferritkörnern in den phosphorfreien Zeilen befindet sich Zementit, der nicht angegriffen wird und weiß bleibt. Die unregelmäßig verteilten Phosphorseigerungen sind gelblich.

- Longitudinal section from a plate of unkilled steel.
- Between the blue coloured ferrite grains in the phosphorusfree bands is cementite which was not attacked and which has remained white. The irregularly distributed phosphorus segregations are yellowish.

6 **50:1**

- Längsschliff aus einem beruhigt vergossenen Stahl mit zeilenförmigen P-Seigerungen über den ganzen Querschnitt.

- Longitudinal ground joint made of a calmly cast steel with line-shaped P-sections over the entire cross-section.

7 **80:1**

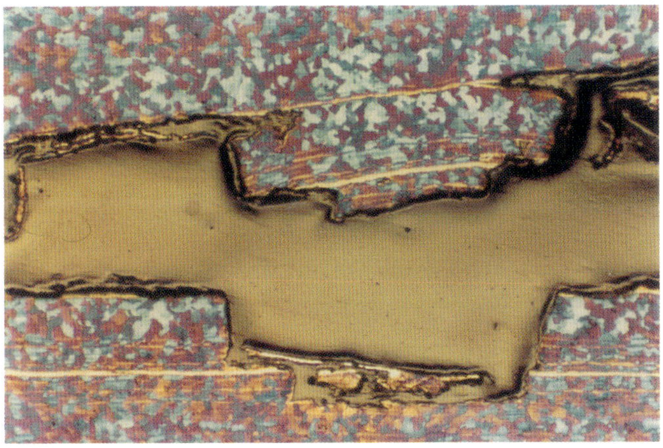

- Längsschliff aus einem Katodenblech aus beruhigt vergossenem Stahl, der nach dem Stranggussverfahren hergestellt wurde.
- Die schmalen, gelbgefärbten P-Seigerungen in der Blechmitte haben bei Wasserstoffaufnahme zur Blasenbildung geführt.

- Longitudinal section from a cathode plate made from continuously cast killed steel.
- The narrow, yellow coloured phosphorus segregations in the centre of the plate caused bubbles to form when they absorbed hydrogen.

8 **6:1**

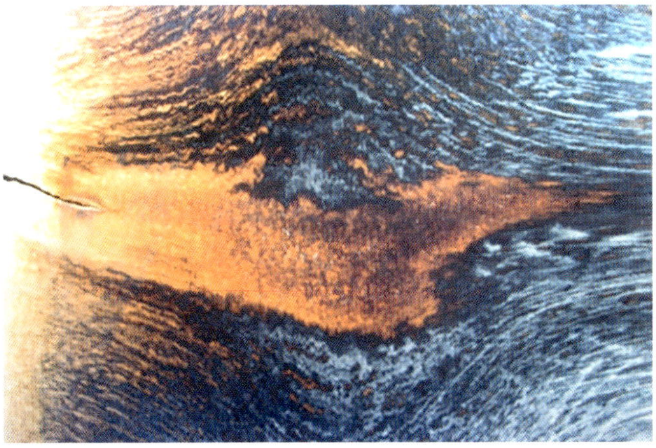

- Längsschliff aus einer Schraube, 42 CrMo 4, vergütet.
- Neben einer starken Phosphoranreicherung sind in der Schraubenmitte noch Kohlenstoff und Schwefel (MnS) angereichert, was beim Schmieden zur Rissbildung führte.

- Longitudinal section from a heat-treated bolt of 42 CrMo 4.
- Apart from severe phosphorus segregation, the centre of the bolt also shows carbon and sulphur (MnS) segregations, which resulted in cracking in the forging operation.

Zementitnachweis

Zum Nachweis von Zementit in Stählen eignet sich das Ätzmittel nach Klemm I ebenfalls sehr gut, da Zementit nicht gefärbt wird, sondern – im Kontrast zur gefärbten Matrix – weiß bleibt (Bilder 9 bis 14).

Dieses Ätzmittel ist einfacher anzuwenden als die alkalische Natriumnitratlösung. Außerdem ist Pikrinsäure hochexplosiv und krebserregend.

In geglühten Tiefziehblechen werden die feinen Zementitkügelchen gut sichtbar. Dies ist zur Beurteilung ihrer Lage, ob im Korn oder auf den Korngrenzen vorliegend, wichtig (Bild 11).

Selbst feinste Zementitausscheidungen auf den Korngrenzen übereutektoider Stähle sind noch zu erkennen (Bilder 12 bis 14).

Cementite detection

The Klemm I etchant is also very suitable for the detection of cementite in steels because the cementite does not become coloured and instead remains white to contrast with the coloured matrix (Figs. 9 to 14).

This etchant is easier to use than the alkaline sodium picrate solution, apart from which picric acid is both highly explosive and carcinogenic.

In annealed sheet for deep drawing, the tiny spheres of cementite become clearly visible. This is of particular importance in assessing whether they are situated within the grains or in the grain boundaries (Fig. 11).

Even very small precipitations of cementite at the grain bounderies of hypereutectoid steels can be distinguished (Figs. 12 to 14).

9 **500:1**

- Kohlenstoffarmer Stahl.
- Die Ferritkristallite sind blau-braun gefärbt, der tertiäre Korngrenzenzementit bleibt weiß.

- Low-carbon steel.
- The ferrite crystallites are coloured blue-brown while the tertiary grain-boundary cementite has remained white.

10 **500:1**

- Kohlenstoffarmer Stahl; die Ferritkristalle sind unterschiedlich blau-braun gefärbt, an den Korngrenzen bleibt der Zementit weiß.

- Low-carbon steel; the ferrite crystals are of different colors blue-brown in color, the cementite remains white at the grain boundaries.

11 **200:1**

- Längsschliff aus einem geglühten Tiefziehblech.
- In den blau-braun gefärbten Ferritkristalliten liegen zeilenförmig aneinandergereiht die weißen Zementitkügelchen.

- Longitudinal section from an annealed sheet of deep drawing steel.
- In the blue-brown coloured ferrite crystallites the white spheres of cementite are lined up in rows.

12 **80:1**

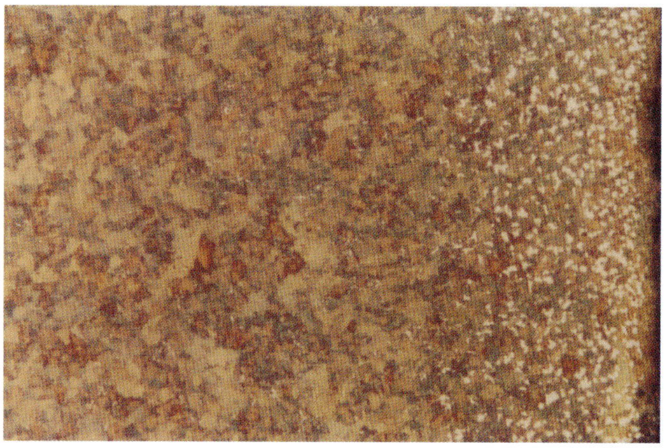

- Querschliff aus einer überkohlten Randzone nach langsamer Abkühlung. Im oberflächennahen Bereich hat sich Sekundärzementit in großen Mengen ausgeschieden (weiß).

- Transverse section from an overcooled edge zone after slow cooling. Large amounts of pre-eutectic cementite (white) have precipitated in the region near the surface.

13 **500:1**

- Stahl mit 1,2 % C.
- Der sekundäre Korngrenzenzementit und der Zementit des Perlits sind weiß, die Ferritlamellen sind bunt gefärbt. Bei dieser Vergrößerung sind die Zementitlamellen stellenweise noch nicht einzeln zu erkennen.

- Steel containing 1.2% C.
- The secondary grain boundary cementite and the cementite in the pearlite are white whilst the ferritic lamellae are variegated in colour. At this magnification it is still not possible to distinguish the individual cementite lamellae in places.

14 **750:1**

- Dieselbe Gefügestelle wie in Bild 13, nur schwarz-weiß aufgenommen. Auch hier sind sekundärer Korngrenzenzementit und Zementit des Perlits (soweit bei dieser Vergrößerung aufgelöst) gut zu erkennen.

- The same structure as shown in Fig. 13 but photographed in black and white. Here too, the pre-eutectic grain- boundary cementite and the cementite in the pearlite (where resolvable at this magnification) can be clearly seen.

Schweißverbindungen an unlegierten Stählen

Schweißt man zwei unlegierte Stähle miteinander, zum Beispiel S 235 J2G3 und S 355 J2G3 oder ähnliche, so färbt sich der Stahl mit dem geringeren Gehalt an Stahlbegleitern schneller (Bild 15), wogegen bei einer Verbindung aus zwei artgleichen Stählen beide gleich stark angeätzt werden (Bild 16).

Gut zu erkennen sind in Widmannstättengefügen von Wärmeeinflusszonen und Schweißgut die einzelnen nadeligen Ferritkörner sowie die Ausbildung und Anordnung des Zementits, Bild 17, außerdem werden selbst geringe Spuren von Phosphor deutlich sichtbar (hellgelbe Punkte in Bild 17).

Da die Phosphorseigerungen in ehemals schmelzflüssigen Bereichen von Schweißverbindungen leicht dendritisch angeordnet sind, lässt sich dieses Gefüge vom nichtaufgeschmolzenen Gefüge ohne Schwierigkeiten unterscheiden (Bilder 18 bis 20).

In Punkt- und Rollennahtschweißungen ist die Unterscheidung zwischen aufgeschmolzenen und nichtaufgeschmolzenen Bereichen anhand der dendritischen Anordnung der Phosphorseigerungen, in denen auch fast immer aufgrund von gleichzeitigen Schwefelanreicherungen Heissrisse auftreten, ebenfalls leicht möglich (Bilder 18 und 19).

Es kann vorkommen, dass in schnell erstarrtem Schweißgut (Bolzenschweißungen, Explosionsschweißungen usw.) neben Zementitpartikeln noch Martensitinseln auftreten, die nur schwach getönt werden und daher nicht leicht zu erkennen sind.

Nach Anlassen auf 250 °C wird dieser Martensit (Pfeil) stärker gefärbt und ist dann gut vom weißen Zementit zu unterscheiden (Bilder 21 und 22).

Welds in unalloyed steels

Where two different unalloyed steels, e. g. S 235 J2G3 and S 355 J2G3 or the like, have been welded together, the Steel containing the lower level of accompanying elements colours up more quickly, Fig. 15, whereas in a joint between two steels of the same kind both the steels are etched to an equal degree, Fig. 16.

Clearly apparent in the Widmannstätten structures of the heat-affected zones and weld metal are the individual acicular grains of ferrite, as also is the formation and Orientation of the cementite, Fig. 17. Even slight traces of phosphorus are clearly visible (the light yellow dots in Fig. 17).

Because the phosphorus segregations in what were once molten regions of welded joints have a slightly dendritic formation, the structure in question can be distinguished from unmelted structure without any difficulty (Figs. 18-20).

In spot-welds and seam-welds it is likewise easy to distinguish between melted and non-melted regions on the basis of the dendritic arrangement of the phosphorus segregations, in which there will almost always be hot cracks as well (Figs. 18 and 19).

In rapidly solidified weld metal, (as in stud welds, explosion welds and so on) may be found not only particles of cementite but also islands of martensite. The latter only take on a slight colouring and are therefore not easy to distinguish. After tempering at 250°C, this martensite (arrowed) takes on a more pronounced coloration and can then be satisfactorily distinguished from the white cementite (Figs. 21 and 22).

15 **6:1**

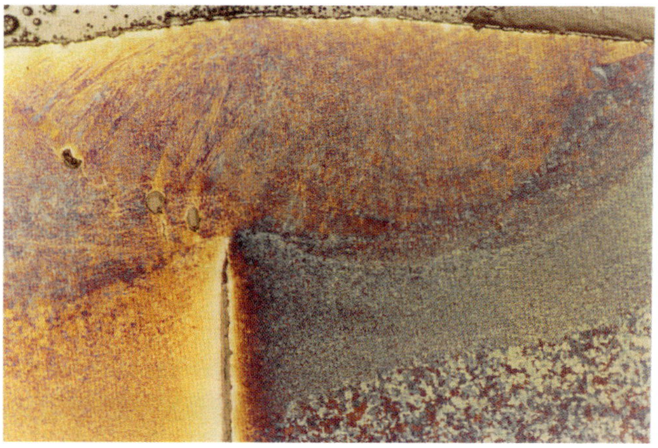

- Schweißverbindung zwischen einem Rohr und einer Platte unter Verwendung zweier geringfügig unterschiedlicher unlegierter Stähle.
- Die Platte (rechts) enthält weniger Beimengungen an stahlbegleitenden Elementen und wird daher schneller gefärbt.

- A welded joint between a pipe and a plate made of two slightly different unalloyed steels.
- The plate (on the right) contains a smaller proportion of accompanying elements and therefore coloured more quickly.

16 **15:1**

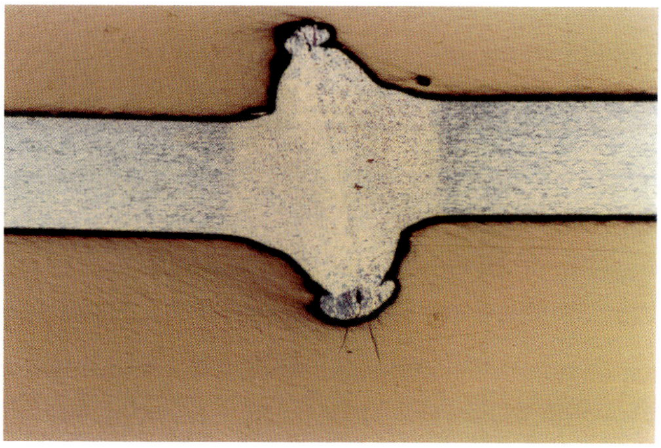

- Schweißung mit umlaufendem Lichtbogen zwischen zwei artgleichen Stählen.
- Wärmeeinflusszonen und Schweißebene sind deutlich zu erkennen.

- A weld between two steels of the same type, made using a circumferentially rotated arc.
- The heat-affected zones and the weld region are clearly apparent.

17 **500:1**

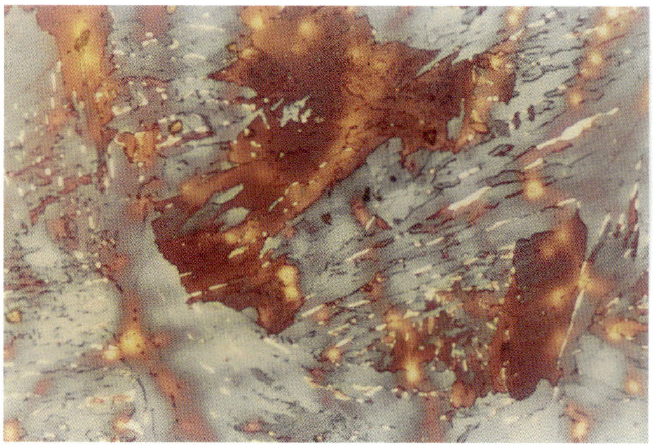

- Widmannstättengefüge aus einer Lichtbogenhandschweißung.
- Der nadelige Ferrit ist blau-braun gefärbt, der Zementit bleibt weiß. Die hellgelben Punkte kennzeichnen Phosphoranreicherungen.

- Widmannstätten structure from a manual metal-arc weld.
- The acicular ferrite is blue-brown in colour while the cementite has remained white. The light yellow dots indicate phosphorus segregations.

18 **150:1**

- Schweißgut und Wärmeeinflusszone aus einer Lichtbogenhandschweißung.
- Das Schweißgut ist vom nichtaufgeschmolzenen Gefüge der Wärmeeinflusszone deutlich zu unterscheiden.

- Weld metal and heat-affected zone from a manual metal-arc weld.
- The weld metal is clearly distinguishable from the unmelted structure of the heat-affected zone.

19 **500:1**

- Gefüge der Schweißlinse einer Punktschweißung.
- Es sind interdendritische Phosphoranreicherungen (gelb) zu sehen. In der Bildmitte stoßen die beiden Erstarrungsfronten zusammen.

- Structure of the weld-nugget in a spot-weld.
- Interdendritic phosphorus segregations (yellow) can be seen. The two solidification fronts meet in the centre of the photograph.

20 **150:1**

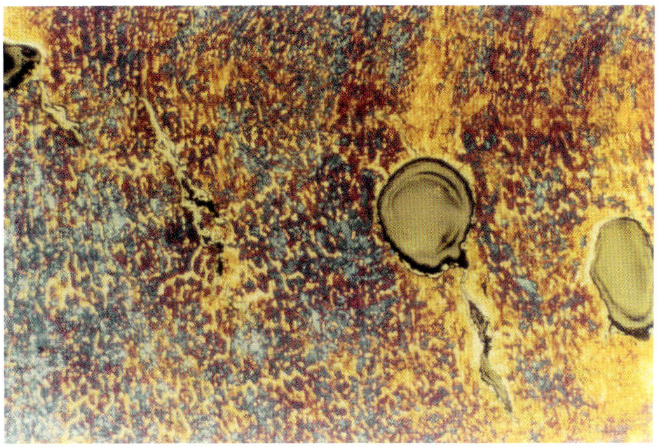

- Gefüge aus einer Schweißung mit verzunderten Poren und Heißrissen.
- Im überwiegend blau bis hellbraun gefärbten Schweißnahtgefüge sind die Phosphoranreicherungen hellgelb geblieben.

- The structure of a weld containing oxidised pores and hot cracks.
- The phosphorus segregations have remained light yellow within a weld structure coloured predominantly blue to light brown.

21 **500:1**

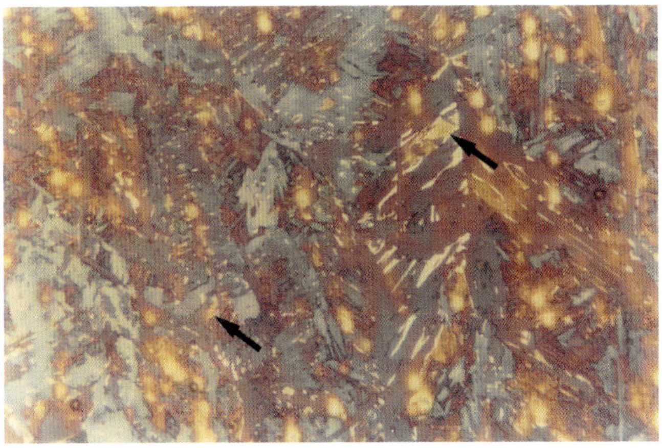

- Gefüge aus dem aufgeschmolzenen Bereich einer Bolzenschweißung. Neben den weißen Zementitstäbchen haben sich Martensitinseln gebildet, die leicht gelb gefärbt sind (Pfeile).
- Das Gefüge aus nadeligem Ferrit ist blau-braun, die gelben Punkte sind Phosphoranreicherungen.

- Structure from the fused region of a stud weld. As well as the white rods of cementite, islands of martensite have formed and these have coloured slightly yellow (see arrows).
- The structure composed of acicular ferrite is blue-brown and the yellow dots are phosphorus segregations.

22 **500:1**

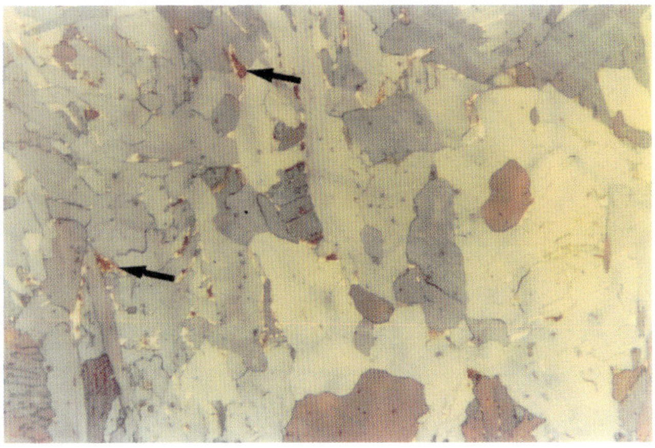

- Gefüge aus dem aufgeschmolzenen Bereich einer Bolzenschweißung nach 40-minütigem Glühen zwischen 250 und 280 °C.
- Die Martensitinseln lassen sich jetzt braun anfärben (Pfeile). Der Zementit bleibt weiß.
- Durch die leichte Überätzung sind die Phosphoranreicherungen nicht mehr zu sehen.

- Structure from the fused region of a stud-weld after 40 minutes of heating at between 250 and 280°C.
- The islands of martensite were now able to take on a brown coloration (see arrows). The cementite remained white.
- Because of the slight over-etching, the phosphorus segregations are no longer visible.

Wärmebehandlungen (Glühen)

Beim Glühen niedriggekohlter Stähle im α-γ-Gebiet wandelt sich nur ein Teil des Ferrits in Austenit um.

Nach dem Ätzen in Klemm I wird der umgewandelte Ferrit anders gefärbt als der nichtumgewandelte (Bilder 23 und 24).

In weichgeglühten Stählen, unabhängig vom Kohlenstoffgehalt, sind die Zementitkugeln (weiß) im gefärbten Ferrit sehr gut zu erkennen (Bilder 25 bis 28).

Die ehemaligen Martensitnadeln in vergüteten Stählen lassen sich sichtbar machen (Bild 29), während im Bainitgefüge die ehemaligen Austenitkörner unterschiedlich gefärbt werden (Bilder 30, 37 und 38). Karbide sind in der gefärbten Matrix gut zu erkennen (Bilder 31 und 32).

Restaustenit bleibt weiß und ist im Kontrast zu den gefärbten Martensitnadeln besser zu erkennen als nach den üblichen Ätzungen (Bilder 33 bis 35).

Phosphorreiche oder sauerstoffreiche Diffusionszonen an Stahloberflächen werden nicht angefärbt (Bild 36).

Verbrennungen im Stahl, wie sie nach einer unsachgemäßen Wärmebehandlung oder auch nach dem Gasschweißen mit Sauerstoffüberschuss auftreten können, lassen sich mit dem Ätzmittel nach Klemm I nachweisen (Bilder 37 und 38).

Heat treatment (annealing)

When low-alloy steels are annealed in the α-γ-range only a portion of the ferrite transforms into austenite. After etching in Klemm I etchant the ferrite which has transformed shows a different colouring from that which has not (Figs. 23 and 24).

In soft-annealed steels, irrespective of the carbon content, the spheres of cementite (white) in the coloured ferrite are easily distinguishable (Figs. 25 to 28).

The needles of what was formerly martensite can be shown up in hardened and tempered steels (Fig. 29), while the grains of what was formerly austenite in the bainitic structure colour up differently (Figs. 30, 37 and 38). Carbides can be clearly seen in the coloured matrix (Figs. 31 and 32).

Residual austenite remains white and, contrasting as it does with the coloured acicular martensite, is shown up more clearly than by conventional etching (Figs. 33 to 35).

Phosphorus or oxygen enriched diffusion-zones at the surface of steels do not become coloured (Fig. 36).

Burnt areas in Steel such as may be caused by incorrect heat treatment or by gas-welding with an excess of oxygen can be detected with the Klemm I etchant (Figs. 37 and 38).

23 **150:1**

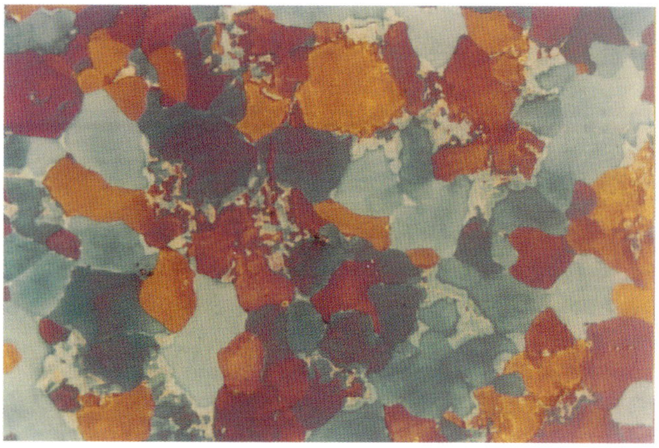

- Stahl mit etwa 0,1 % C, bei 800 °C 30 min geglüht.
- Beim Glühen im α-γ-Gebiet hat sich der Ferrit, hauptsächlich um die Perlitinseln, in Austenit umgewandelt. Dieser austenitisch gewesene Ferrit wird anders gefärbt als der nicht umgewandelte.

- Steel containing approximately 0.1% C, heated for 30 minutes at 800°C.
- During the heating in the α-γ-range, the ferrite has transformed into austenite, mainly around the islands of pearlite. The ferrite which transformed into austenite has taken on a different coloration from the untransformed ferrite.

24 **500:1**

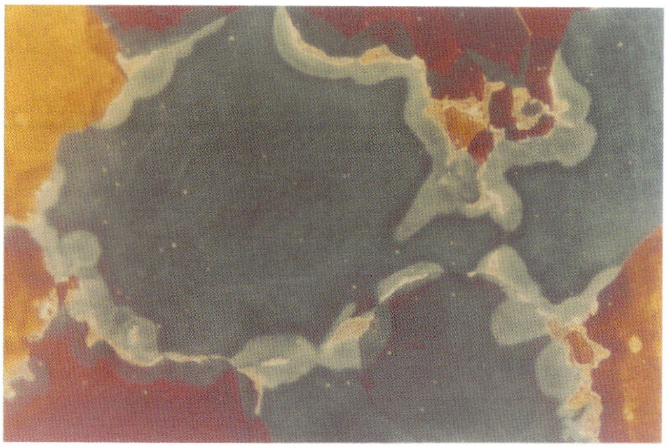

- Vergrößerter Ausschnitt aus Bild 23.
- Die Bereiche um die Perlitkristallite und Korngrenzen, die bei 800 °C austenitisch waren, werden beim Farbätzen anders gefärbt als die nicht umgewandelten Ferritkristallite.
- Der Zementit ist weiß.

- Enlarged detail of Fig. 23.
- When colour etched, the regions around the pearlite crystallites and grain boundaries, which were austenitic at 800°C have taken on a different coloration than the ferrite crystallites which did not transform.
- The cementite is white.

25 **500:1**

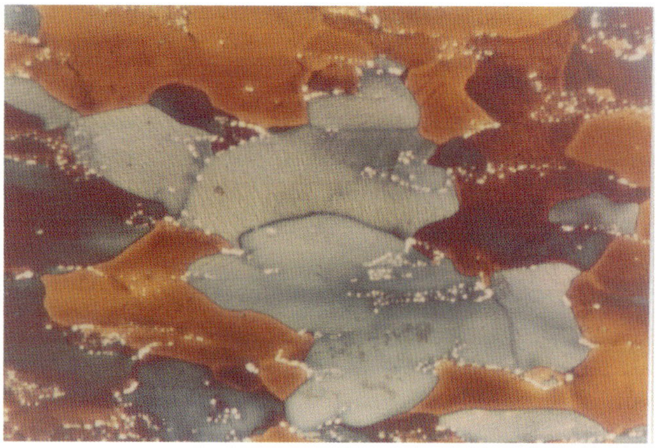

- C 15, weichgeglüht und kaltverformt; anschließend rekristallisiert.
- Der Zementit aus den ehemaligen Perlitinseln ist koaguliert und liegt, bedingt durch die anschließende Rekristallisation, in den Ferritkörnern.
  Die Ferritkristallite sind unterschiedlich gefärbt.

- C 15 Steel, soft-annealed and cold formed then recrystallised.
- The cementite has coagulated from the former islands of pearlite and, due to the subsequent recrystallisation, is present in the ferrite grains. The ferrite crystallites vary in colour.

26 **500:1**

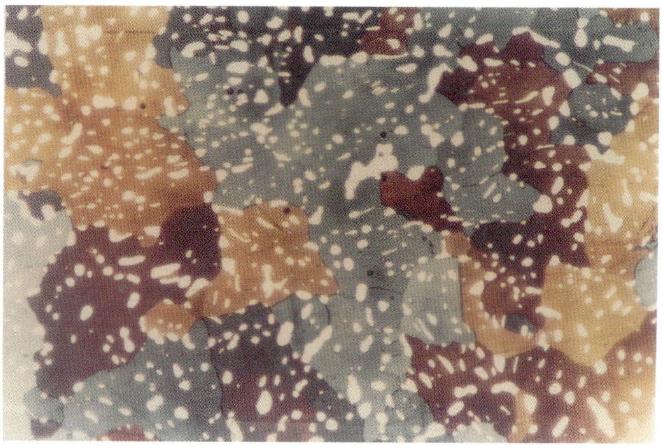

- Stahl mit 0,8 % C, weichgeglüht.
- Der Zementit des Perlits ist koaguliert. Vereinzelt sind noch kleine Stäbchen zu erkennen. Die Ferritkömer sind unterschiedlich gefärbt.

- Steel containing 0.8% C, soft-annealed.
- The cementite has coagulated from the pearlite. Small rods can still be seen at isolated points. The ferrite grains vary in colour.

27 **500:1**

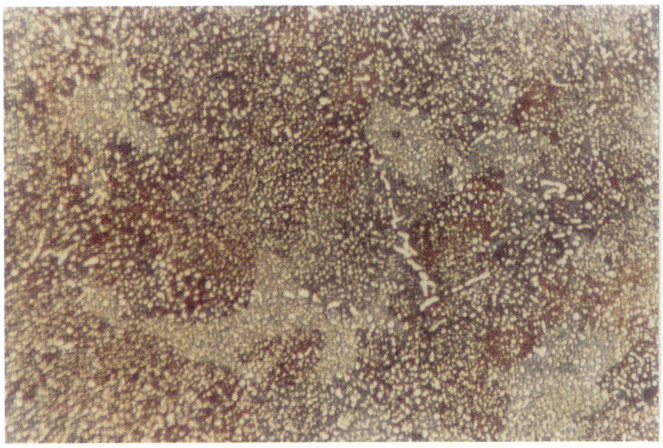

- Übereutektoider Stahl, weichgeglüht.
- Perlitzementit und Korngrenzenzementit sind koaguliert. Das ferritische Grundgefüge ist gefärbt.

- A hypereutectoid Steel, soft-annealed.
- The cementite from the pearlite and the grain-boundary cementite have coagulated. The basic ferritic structure is coloured.

28 **500:1**

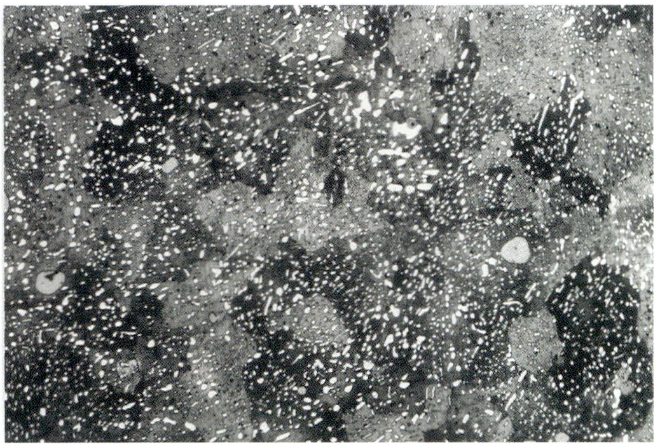

- Übereutektoider Stahl, weichgeglüht, schwarz-weiß aufgenommen.
- Der Zementit ist weiß, und das ferritische Grundgefüge ist auch auf dieser Aufnahme gut zu erkennen.

- A hypereutectoid Steel, soft-annealed, photographed in black and white.
- The cementite is white and even in this photograph the basic ferritic structure is clearly apparent.

29 **500:1**

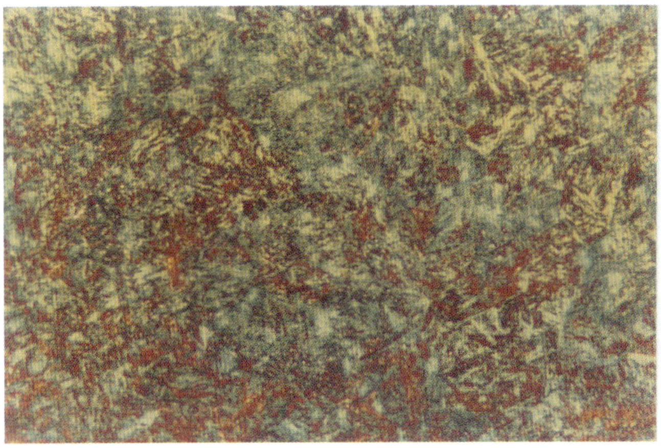

- 42 CrMo 4, vergütet.
- Nach einer Farbätzung mit Klemm I kann die ehemalige Martensitstruktur wieder sichtbar gemacht werden.

- 42 CrMo 4 steel, hardened and tempered.
- After colour etching with Klemm I etchant it was possible to bring out the former martensite structure again.

30 **500:1**

- 42 CrMo 4, isotherm in Bainit umgewandelt.
- Die ehemaligen Austenitkristallite sind unterschiedlich angefärbt, und sogar die ehemaligen Zwillinge lassen sich nachweisen.

- 42 CrMo 4 Steel, Isothermally transformed into bainite.
- The crystallites of what was formerly austenite have taken on a different coloration and even the former twinned crystals can be picked out.

31 **500:1**

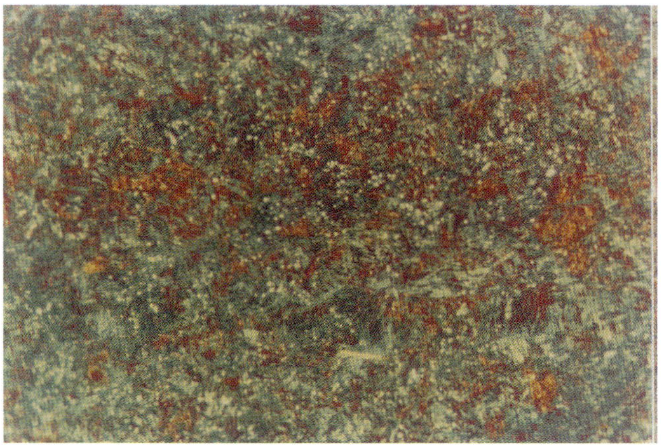

- 42 CrMo 4, vergütet.
- Im ehemaligen Martensit sind noch ungelöste Karbide (weiß) zu erkennen. Die Austenitisierungsdauer war demnach zu kurz.

- 42 CrMo 4 Steel, hardened and tempered.
- Undissolved carbides (white) can still be seen in the former martensite. Hence, the time allowed for austen-itising was too short.

32 **500:1**

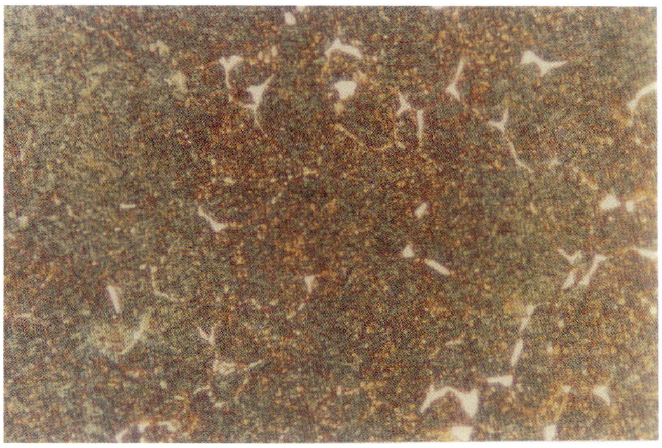

- Niedriglegierter Einsatzstahl, vergütet; Randzone.
- Im feinnadeligen Vergütungsgefüge liegt noch Zementit (weiß) vor. Der Stahl wurde überkohlt.

- Low-alloy case-hardening Steel, hardened and tempered; surface region.
- Cementite (white) is still present in the finely acicular hardened structure. The steel was over carburized.

33 **500:1**

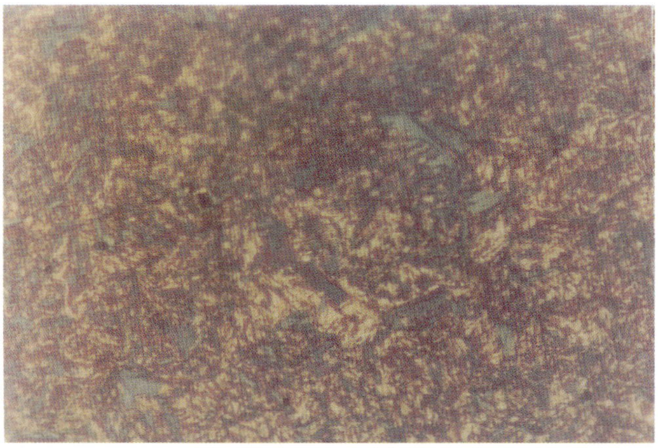

- Gefüge aus der aufgekohlten Randzone eines Einsatzstahles, etwas überhitzt gehärtet.
- Martensit: blau,
- Restaustenit: weiß.

- Structure from the carburized surface region of a case-hardening Steel, hardened and slightly over-heated.
- Martensite: blue,
- Residual austenite: white.

34 **500:1**

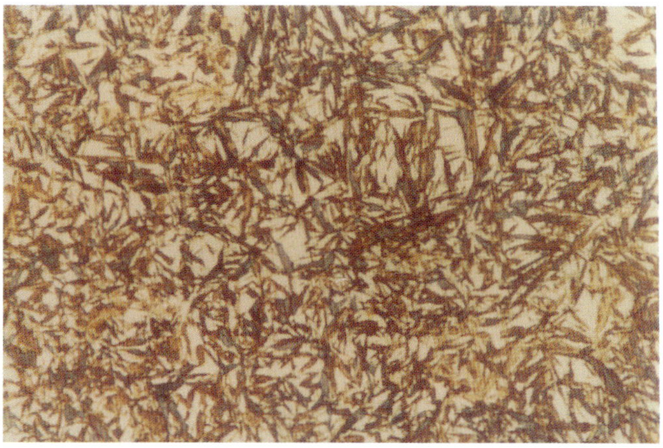

- Gefüge aus einer überkohlten Randzone eines Einsatzstahles, stark überhitzt gehärtet.
- Martensit: blau-braun,
- Restaustenit: weiß.

- Structure from the over-carburized surface region of a case-hardening steel, hardened and severely over-heated.
- Martensite: blue-brown,
- Residual austenite: white.

35 **500:1**

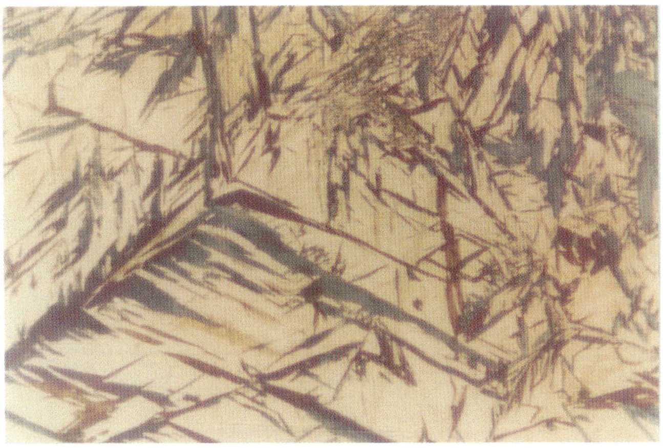

- Gefüge aus der stark überkohlten Randzone eines Einsatzstahles, sehr stark überhitzt gehärtet.
- Große blaue Martensitnadeln, grau gefärbte zerfallene Martensitnadeln.
- Im weißen Restaustenit sind die hellbraunen Nadeln des „strukturlosen“ Martensits zu erkennen.

- Structure from the severely over-carburized surface region of a case-hardening steel, hardened and very much over-heated.
- Large blue needles of martensite, decomposed needles of martensite grey in colour.
- Light-brown needles of "unstructured" martensite can be seen in the white residual austenite.

36 **500:1**

- Ferritischer Stahl, bei etwa 500 bis 600 °C geglüht.
- Unter der (entfernten) Oxidschicht wurde eine nicht angefärbte Zone sichtbar.

- A ferritic Steel, annealed at approximately 500-600°C.
- After the oxide film was removed a non-coloured zone became visible.

37 **30:1**

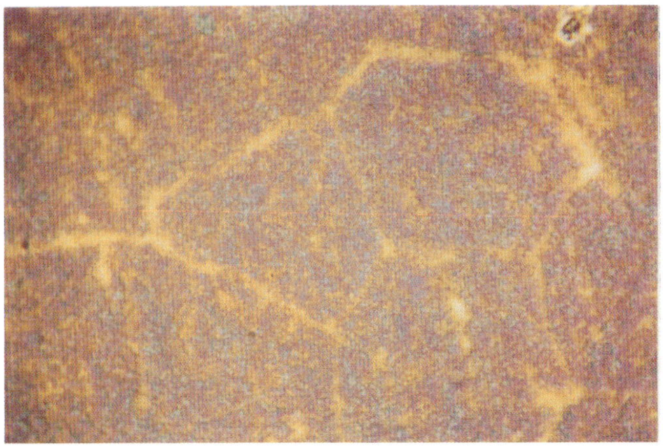

- 30 CrMoV 9, Schmiedeteil, vergütet.
- Die ehemaligen Austenitkorngrenzen werden hell gefärbt.

- 30 CrMoV 9 Steel, forging, hardened and tempered.
- The former austenite grain-boundaries have taken on a light colouring.

38 **500:1**

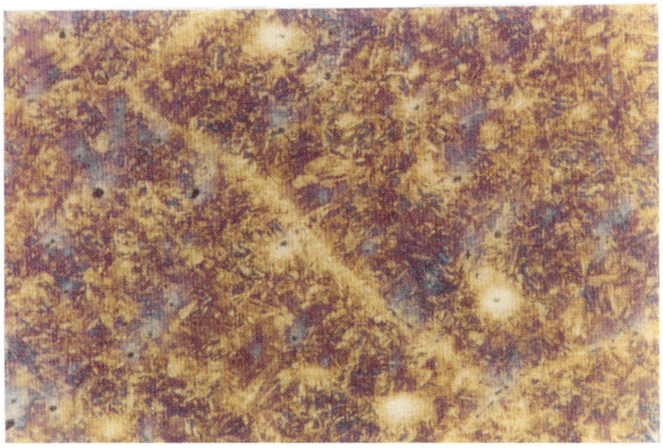

- 30 CrMoV 9, vergrößerter Ausschnitt aus Bild 37.
- Die ehemaligen Austenitkorngrenzen sind deutlich zu erkennen. Feine Oxidhäutchen und Oxideinschlüsse entlang den Korngrenzen weisen auf verbrannten Stahl hin.

- 30 CrMoV 9 Steel, an enlarged detail from Fig. 37.
- The former austenite grain-boundaries can clearly be seen. Thin skins of oxides and oxide inclusions along the grain-boundaries indicate that the steel has been burnt.

Niedriglegierte Stähle

Beim Gießen von niedriglegierten Stählen können Entmischungen durch die Legierungselemente entstehen.

Die legierungsreichen Zonen werden weniger stark gefärbt als die an Legierungselementen verarmten Bereiche (Bilder 39 bis 41).

In den legierungsreichen Zonen (in Bild 41 gelb) besteht das Gefüge aus angelassenem Martensit, während es in den legierungsarmen Zonen (in Bild 41 blau-braun) aus Bainit besteht.

In gewalzten Bauteilen liegen diese Entmischungen (Seigerungen) längsgestreckt vor (Bilder 42 und 43).

Sehr wichtig kann eine Aussage über die Legierungselementverteilung bei gegossenen Proben sein.

Schweißt man unlegierten mit niedriglegiertem Stahl, so wird ersterer schneller angefärbt (Bilder 44 und 45).

Low-alloy steels

When low-alloy steels are cast, separations caused by the alloying elements may occur.

The zones rich in alloying elements take on a less heavy coloration than the zones deficient in them (Figs. 39 to 41).

In zones rich in alloying elements (yellow in Figure 41), the microstructure consists of tempered martensite, while in zones low in alloying elements (blue-brown in Figure 41) it consists of bainite.

In rolled components such separations are present in longitudinally elongated form (Figs. 42 and 43).

In casting specimens it may be very important to provide Information on the distribution of the alloying elements.

Where unalloyed Steel is welded to low-alloy steel, the former colours more quickly (Figs. 44 and 45).

39 **80:1**

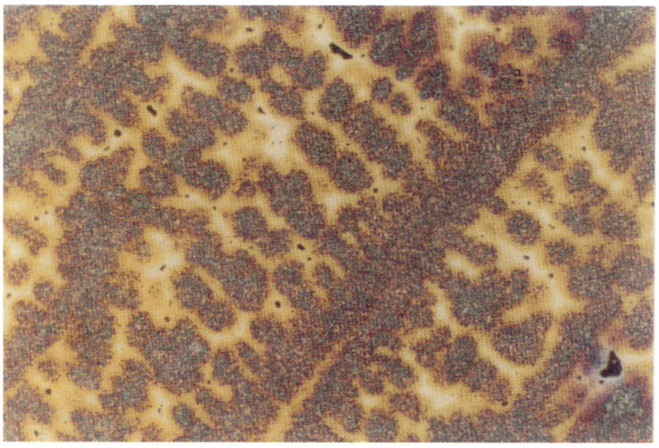

- Niedriglegierter Stahlguss, dendritisch erstarrt, mit starken Entmischungen.
- Die zuletzt erstarrten, mit Legierungselementen angereicherten interdendritischen Zonen (hellgelb) werden schwächer gefärbt und weisen Mikrolunker auf.
- Die an Legierungselementen verarmten Bereiche wurden blau gefärbt.

- Low-alloy cast Steel, dendritic freezing, with pronounced Separation of alloying elements.
- The alloying element enriched interdendritic zones (light yellow) which froze last have acquired a paler coloration and contain micro pipes.
- The regions low in alloying elements have taken on a blue colour.

40 **500:1**

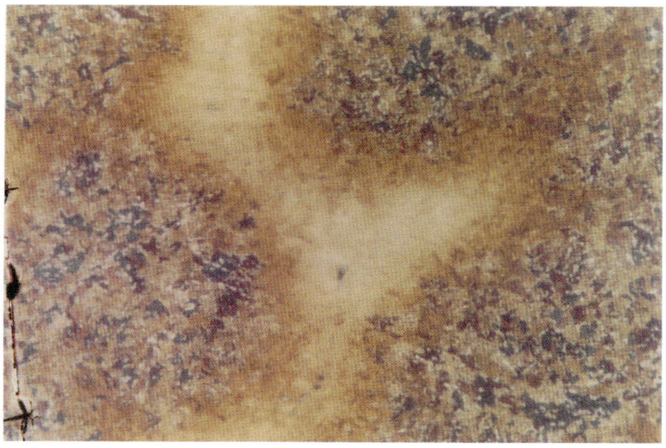

- Niedrig legierter Stahlguss mit starken Entmischungen, vergrößerter Ausschnitt aus Bild 39.
- In den Bereichen mit höherer Konzentration an Legierungselementen hat sich Martensit gebildet, der sich nur schwach anätzen lässt. In den dunkler gefärbten Dendriten tritt Ferrit (blau), Perlit (bräunlich-weiß) und Bainit (braun) auf.

- Low-alloy cast steel with pronounced separation of alloying elements, enlarged detail from Fig. 39.
- In the regions containing a higher concentration of alloying elements, martensite has formed, which is etchable to only a slight degree. Ferrite (blue), pearlite (brownish white) and bainite (brown) are present in the darker coloured dendrites.

41 **200:1**

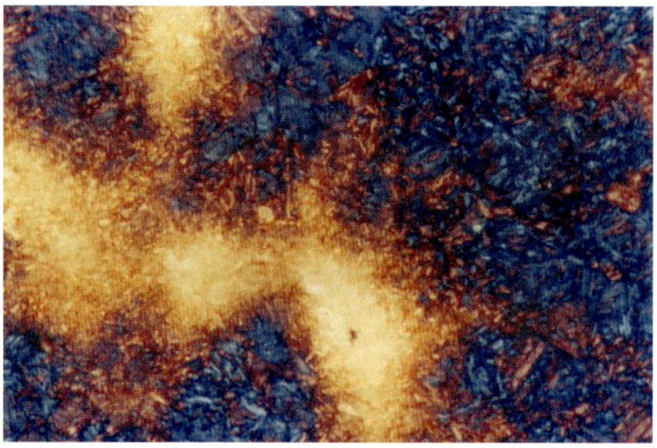

- 34CrMo4 vergütet mit netzwerkartigen Seigerungen.
- Blau = legierungsärmer = Bainit.
- Gelb = legierungsreicher = Martensit.

- 34CrMo4 quenched and tempered with network-like segregations
- Blue = lower alloying = bainite.
- Yellow = richer in alloys = martensite.

42 **150:1**

- 42 CrMo 4, Walzstahl.
- Zeilenförmig ausgewalzte Kristallseigerungen.
- Bereiche mit höherer Konzentration an Legierungselementen werden weniger gefärbt (gelb) als mit an Legierungselementen verarmte Bereiche (blau-braun). MnS-Zeilen liegen in den schwach gefärbten Bereichen.

- 42 CrMo 4 cold-rolled steel.
- Microsegregations elongated into bands by rolling.
- Regions containing higher concentrations of alloying elements have become less highly coloured (yellow) than regions low in alloying elements (blue-brown). Bands of manganese sulphide are present in the light coloured regions.

43 **150:1**

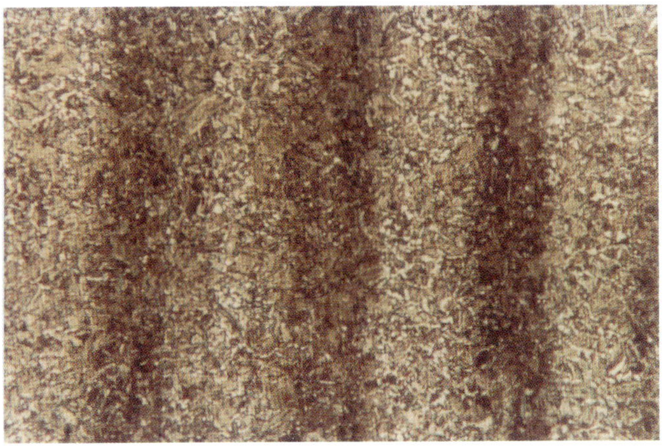

- 42 CrMo 4, gleiche Gefügestelle wie in Bild 42, aber mit 1%iger alkoholischer HNO_3 geätzt.
- Hier wurden die Bereiche mit höherer Konzentration an Legierungselementen dunkler „gefärbt", da sie weniger Ferrit enthalten als die danebenliegenden Zeilen.

- 42 CrMo 4 steel, the same area as shown in Fig. 42 but etched with a 1 % solution of nitric acid in alcohol.
- In this case the regions containing higher concentrations of alloying elements have become darker in colour because they contain less ferrite than the bands situated next to them.

44 **15:1**

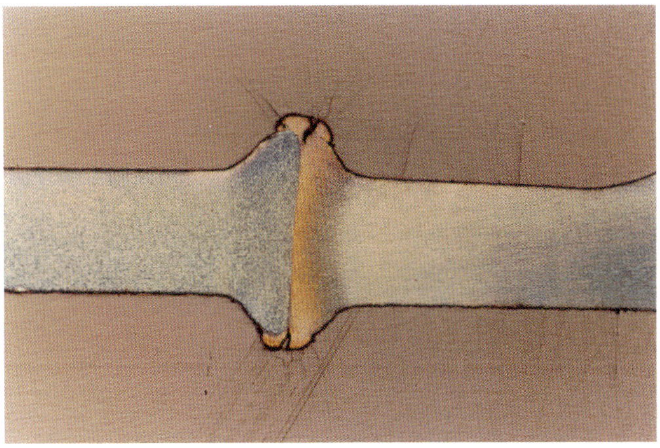

- Schweißung mit umlaufendem Lichtbogen zwischen einem unlegierten und einem niedriglegierten Stahl.
- Ersterer wird stärker gefärbt (links).

- A weld between an unalloyed and a low-alloy Steel, made using a circumferentially rotated arc.
- The former has become more deeply coloured (on the left).

45 **150:1**

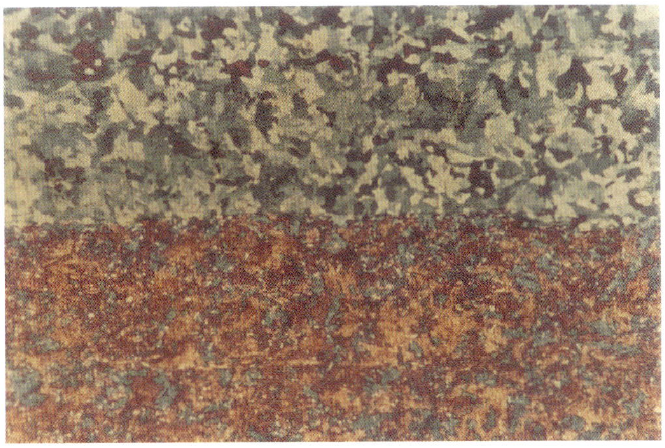

- Vergrößerter Ausschnitt der Schweißebene aus Bild 44.
- Der unlegierte Stahl (oben) wird stärker angefärbt als der niedriglegierte (unten).

- Enlarged detail from the plane of the weld-junction shown in Fig. 44.
- The unalloyed Steel (at the top) has become more highly coloured than the low-alloy steel (at the bottom).

Gusseisen

Die Ätzzeiten können sich bis zu 5 min verlängern.

Phosphorseigerungen im grauen Gusseisen färben sich schwächer an, wodurch die eutektischen Zellen sichtbar werden (Bild 46).

Das Phosphideutektikum, das bevorzugt in diesen Seigerungen liegt, wird nicht angegriffen (Bild 47).Auch in Gusseisen mit Kugelgraphit kann man siliziumarme Bereiche von siliziumreichen unterscheiden (Bilder 48 und 49).

In schlecht geglühtem ferritischem Gusseisen mit Kugelgraphit bleiben noch vorhandene Zementitreste weiß (Bilder 48 und 49).

Manganhartstahl

Die Austenitkristallite werden, je nach Orientierung, unterschiedlich angefärbt (Bild 50). Nach Kaltverformung sind die Gleitbänder und Verformungszwillinge gut zu erkennen (Bild 51).

Im langsam abgekühlten Manganhartstahl bleibt der Korngrenzenzementit weiß (Bild 52).

Cast-iron

The etching times may be increased to a length of up to 5 minutes.

Segregations of phosphorus in grey cast-iron are coloured paler revealing the eutectic cells (Fig. 46).

The phosphide eutectic, which is present mainly in these segregations, is not etched (Fig. 47).

It is also possible to distinguish low-silicon regions from ones with a high silicon content in spheroidal graphite cast iron (Figs. 47 and 49).

In poorly annealed ferritic spheroidal graphite cast-iron residual cementite which is still present remains white (Figs. 48 and 49).

Mangenese steel

Depending upon their orientation, the crystallites of austenite are colour differently (Fig. 50). The slip bands and deformation twins produced by cold forming are clearly apparent (Fig. 51).

In slowly cooled manganese steel, the grain-boundary cementite remains white (Fig. 52).

46 30:1

- Gusseisen mit Lamellengraphit.
- Die Phosphorseigerungen werden hellgelb gefärbt und lassen so die eutektischen Zellen sichtbar werden.

- Grey cast-iron/ with lamellar graphite.
- The phosphorus segregation is coloured light yellow thus revealing the eutectic cells.

47 500:1

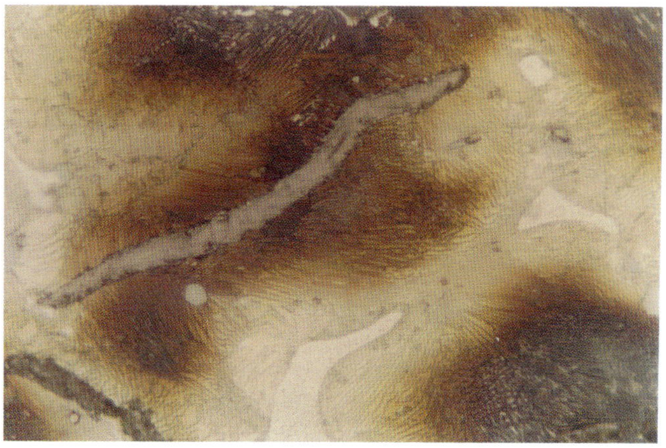

- Gusseisen mit Lamellengraphit, vergrößerter Ausschnitt aus Bild 46.
- Die in den Seigerungen liegenden Phosphideutektika werden nicht gefärbt. Ebenfalls nicht angegriffen werden MnS-Einschlüsse (hellgrau) und Titankarbonitride (gelb bis rosa), die ihre Eigenfarbe behalten.

- Grey cast-iron, enlarged detail from Fig. 46.
- The phosphide eutectics present in the segregations have not become coloured. Similarly unetched are manganese sulphide inclusions (light grey) and titanium carbonitrides (yellow to pink) which remain their natural colour.

48 300:1

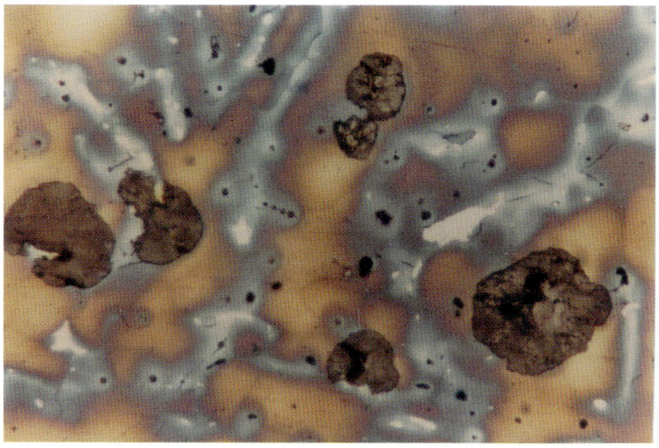

- Gusseisen mit Kugelgraphit, schlecht geglüht.
- Die blaugefärbten Bereiche sind siliziumarm und enthalten noch nicht zerfallenen Zementit (weiß).
- Die siliziumreichen Zonen werden nur schwach gefärbt.

- Spheroidal graphite cast-iron, poorly annealed.
- The blue-coloured regions are low in silicon and contain still undecomposed cementite (white).
- The high silicon zones are only pale in colour.

49 500:1

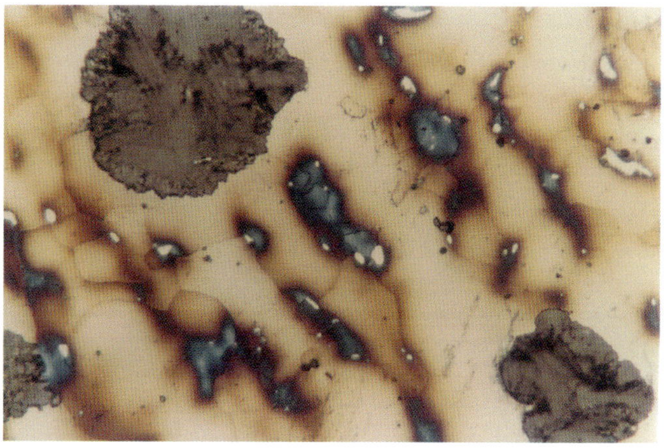

- Gusseisen mit Kugelgraphit.
- Die siliziumarmen Bereiche werden blau gefärbt und enthalten noch Zementitpartikel (weiß). In den Siliziumseigerungen befinden sich die Graphitkugeln.

- Spheroidal graphite cast-iron.
- The low silicon regions are blue in colour and still contain particles of cementite (white). The spheres of graphite are present in the silicon segregations.

50 **500:1**

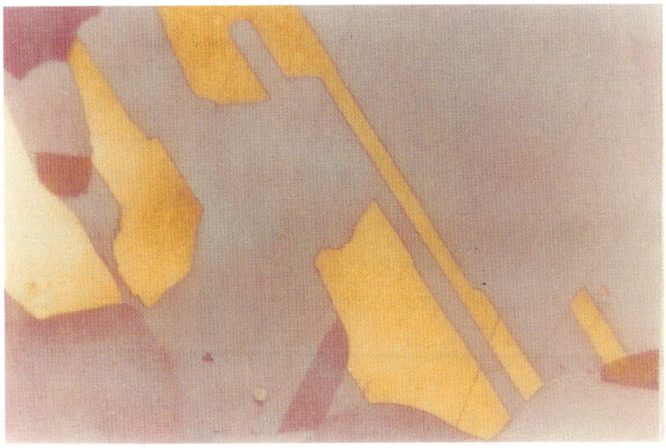

- Manganhartstahl, 12 % Mn, 1,0 % C, abgeschreckt.
- Die Austenitkristallite werden, je nach Orientierung, unterschiedlich gefärbt.

- Manganese steel, 12% Mn, 1.0% C, quenched.
- Depending upon their orientation, the crystallites of austenite vary in colour.

51 **500:1**

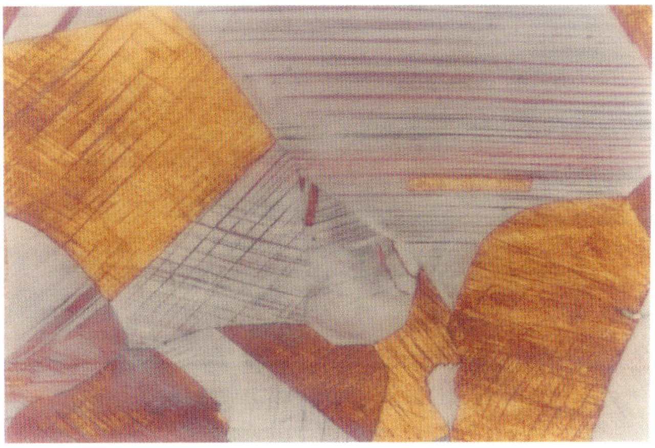

- Manganhartstahl, 12 % Mn, 1,0 % C, leicht kaltverformt.
- In den unterschiedlich gefärbten Austenitkristalliten befinden sich Gleitbänder und Verformungszwillinge.

- Manganese steel, 12% Mn, 1.0% C, slightly cold-formed.
- Slip bands and deformation twins are visible in the variously coloured austenite crystallites.

52 **500:1**

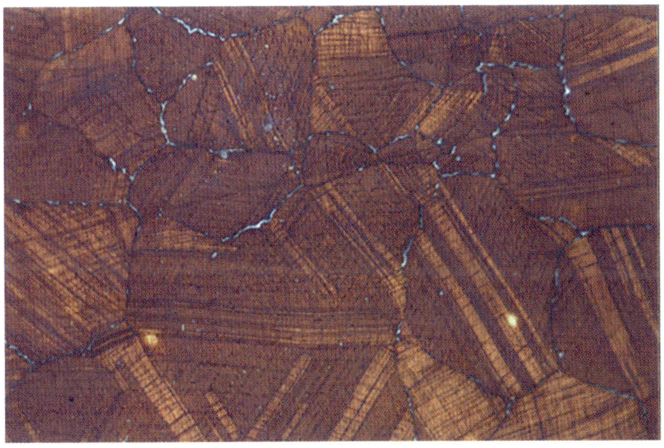

- Manganhartstahl, 12 % Mn, 1,0% C, langsam von 1,200 °C abgekühlt.
- Das Mischkarbid $(Fe,Mn)_3C$ (weiß) hat sich auf den Austenitkorngrenzen ausgeschieden.
- Zwillingskorngrenzen sind frei von Ausscheidungen.

- Manganese steel, 12% Mn, 1.0% C, slowly cooled from 1200°C.
- The mixed carbide $(Fe,Mn)_3C$ (white) has precipitated at the grain-boundaries in the austenite.
- The grain-boundaries of twinned crystals are free of precipitation.

Verbindungen verschiedener Werkstoffe durch Löten und Schweißen

Da sich Farbätzungen nach Klemm sehr neutral verhalten, tritt auch bei der Verbindung sehr unterschiedlicher Werkstoffe keine „Grabenbildung“ an den Verbindungsstellen auf.

Folgende Paarungen wurden bisher untersucht:

Lötverbindungen an Stahl mit Kupferwerkstoffen (Bilder 53 und 54).

Reibschweißungen von un- oder niedriglegiertem Stahl mit hochlegiertem Stahl oder Nickel-Basis-Legierungen: Hier können zumindest die Stahlseite und die eisenreichen Mischzonen angefärbt werden (Bilder 55 und 56).

Schweißverbindungen zwischen Stahl und Aluminium: Bei diesen Verbindungen erfolgt die Schliffherstellung wie für Aluminium (siehe „Metallographische Anleitung zum Farbätzen nach dem Tauchverfahren“ Teil III). Außerdem empfiehlt es sich, zuerst das Aluminium mit einem Aluminiumätzmittel (siehe „Metallographische Anleitung zum Farbätzen nach dem Tauchverfahren“ Teil III) anzuätzen, kurz abzuwaschen und dann in Klemm I den Stahl anzufärben (Bilder 57 und 58).

Beim Schweißen von Al-plattierten Blechen oder Bolzenschweißungen mit Aluminiumkugeln an der Bolzenspitze können aluminiumangereicherte Zonen oder noch nicht gelöstes Aluminium sichtbar gemacht werden (Bilder 59 bis 63).

Schnellarbeitsstähle im nichtgehärteten Zustand lassen sich mit dem Klemmschen Ätzmittel anfärben, was die Beurteilung der Karbidverteilung erleichtert (Bilder 64 bis 67).

Joints between different materials made by brazing and welding

Because Klemm colour etchants have highly neutral characteristics, no "pitting" occurs at the points where joints are made even where the materials joined are widely different ones.

The following pairings have so far been examined:

Brazed-joints to steel using copper-based materials (Figs. 53 and 54).

Friction welds between unalloyed or low-alloy steel and high-alloy steel or nickel-based-alloys:
It is possible to colour at least the part of the joint consisting of plain steel and the iron-rich mixed zones (Figs. 55 and 56).

Welds between steel and aluminium:
With joints of this kind the specimen is prepared as in the case of aluminium (see "Metallographic instructions for colour etching by immersion" Part III).

It is also advisable to first etch the aluminium with a suitable aluminium etchant (see "Metallographic instructions for colour etching by immersion" Part III), briefly rinse the specimen and then to colour etch the steel in Klemm I etchant (Figs. 57 and 58).

When aluminium clad plates are welded or stud welds are made with ball of aluminium at the tip of the stud, etching can show up aluminium-enriched zones or undissolved aluminium (Figs. 59 to 63).

High-speed steels can be colour etched with Klemm etchants in the unhardened state, which makes it easier to evaluate the carbide distribution (Figs. 64 to 67).

53 **500:1**

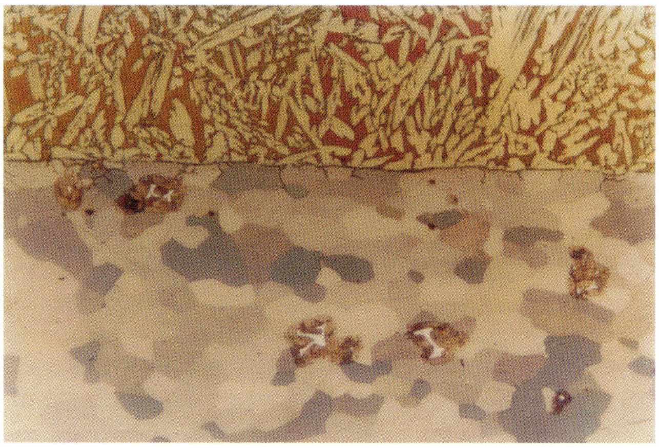

- Stahl mit Messinglot.
- Lot (oben): Die β-Mischkristallite sind gefärbt, die α-Mischkristallite behalten ihre gelbe Eigenfarbe (nicht gefärbt).
- Stahl (unten): Der tertiäre Korngrenzenzementit (weiß) ist beim Löten (Temperatur etwa 750 bis 800 °C) teilweise in Lösung gegangen. Beim Abkühlen hat sich an diesen Stellen Martensit gebildet. Im Übergang leichte Lötrissigkeit.

- Steel and copper-zinc brazing alloy.
- Brazing alloy (at top): The crystallites of the β solid-solution have coloured up while the α crystallites have retained their natural yellow colour.
- Steel (at bottom): During the brazing (temperature approx. 750-800°C) part of the tertiary grain-boundary cementite (white) passed into solution. Martensite formed at these points during cooling. Slight tendency to intergranular cracking apparent at the transition.

55 **500:1**

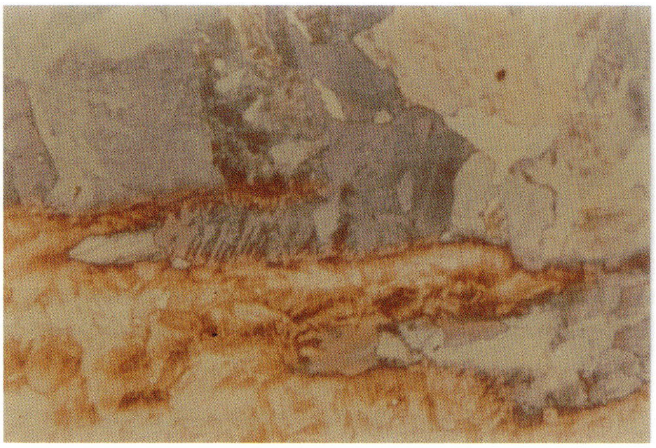

- Reibschweißung zwischen Stahl und Nickel, Gefügeausschnitt aus dem Schweißbereich.
- Der Stahl wird blau gefärbt, der Nickelmartensit braun-hellbraun. Der auf dem Bild nicht sichtbare Nickelgrundwerkstoff wird nicht angegriffen.

- A friction weld between steel and nickel, a detail of structure from the welded region.
- The steel is coloured blue and the nickel and martensite brown to light brown. The parent nickel, which is not seen in the photo, did not etch.

54 **80:1**

- Stahl mit Messinglot.
- Hier wurde im Bereich der Rekristallisationstemperatur des Stahles gelötet.
- Die Lötung weist lediglich einen kleinen Bindefehler auf.

- Steel and copper-zinc brazing alloy.
- In this case the brazing operation was performed in the region of the recrystallisation temperature of the steel.
- The brazed joint shows only one small lack of adhesion.

56 **30:1**

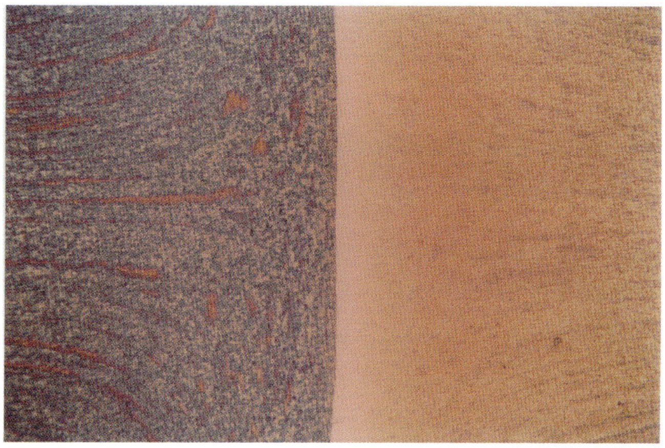

- Reibschweißung zwischen unlegiertem Baustahl (links im Bild) und Schnellarbeitsstahl (rechts) (normale Abkühlung nach dem Schweißen).
- Der Stahl wird blau gefärbt, bräunliche Bereiche sind Phosphorseigerungen. Der Schnellarbeitsstahl wird nur leicht, die martensitische Zone am Übergang zum unlegierten Stahl überhaupt nicht angegriffen.

- A friction weld between unalloyed structural steel and high-speed steel (normal cooling after welding).
- The plain steel is blue in colour and the brownish regions are phosphorus segregations. The high-speed steel has been only slightly etched and the martensitic zone at the transition to the unalloyed steel not at all.

57 **30:1**

- Punktschweißung zwischen Stahl und Aluminium.
- Der Schliff wurde zuerst in 5%iger wässriger Natronlauge geätzt, anschließend mit Klemm I.
- Die Stahlseite ist gefärbt, im Aluminium befinden sich kleine Poren und Risse.

- A spot weld between steel and aluminium.
- The specimen was first etched in a 5% aqueous solution of caustic soda after which it was etched with Klemm I etchant.
- The steel part of the joint has coloured up and there are small pores and cracks in the aluminium.

58 **500:1**

- Punktschweißung zwischen Stahl und Aluminium, vergrößerter Ausschnitt aus Bild 57.
- Zwischen Stahl und Aluminium hat sich eine schmale Al_3Fe-Zone ausgebildet.

- A spot weld between steel and aluminium, enlarged detail from Fig. 57.
- A narrow zone of Al_3Fe has formed between the steel and aluminium.

59 **30:1**

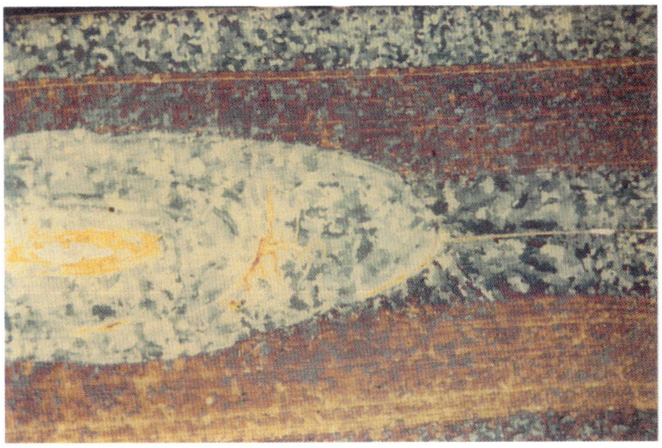

- Rollennahtschweißung an unberuhigten, aluminiumbeschichteten Blechen.
- In der Mitte der Stahlbleche sind die Phosphorseigerungen deutlich sichtbar.
- Neben ungelöstem Aluminium (weiß) in der Schweißlinse haben sich noch aluminiumreiche Zonen (gelb) gebildet.

- A seam weld between sheets of aluminium coated unkilled steel.
- Phosphorus segregations are clearly visible in the centre of the steel plates.
- As well as undissolved aluminium (white) in the weld seam, high aluminium zones (yellow) which have formed can also be seen.

60 **500:1**

- Rollennahtschweißung an aluminiumbeschichteten Blechen.
- In der Nähe der Schweißung haben sich durch den Einfluss der Schweißwärme im Blechspalt Al_3Fe-Kristallite verstärkt ausgebildet.

- A seam weld between sheets of aluminium coated steel.
- In the vicinity of the weld, the effect of the heat of welding has caused a higher concentration of Al_3Fe crystallites to form in the gap between the sheets.

61 **6:1**

- Bolzenschweißung (zwei unlegierte, niedriggekohlte Stähle).
- An der Bolzenspitze war eine Aluminiumkugel angebracht, die sich beim Schweißvorgang nicht ganz gelöst hat. Im Bereich der ehemaligen Kugel befindet sich eine große Pore.

- A stud weld (two unalloyed, low-carbon steels).
- A ball of aluminium was mounted at the tip of the stud and failed to dissolve completely during the welding process. A large pore can be seen at the position previously occupied by the aluminium ball.

62 **80:1**

- Bolzenschweißung, vergrößerter Ausschnitt aus Bild 61 aus dem Bereich der Aluminiumkugel.
- Teilweise hat sich das Aluminium nicht gelöst (blassgelb).
- Wo sich Eisen mit Aluminium angereichert hat, ist ein (umwandlungsfreier) „Al-Ferrit" (bläulich) mit Martensitinseln und Zementitnadeln entstanden.

- A stud weld, enlarged detail from Fig. 61 from the region occupied by the aluminium ball.
- A proportion of the aluminium has failed to dissolve (pale yellow).
- Where the iron has become enriched with aluminium, an untransformed "aluminium-ferrite" (bluish) has formed containing islands of martensite and acicular cementite..

63 **150:1**

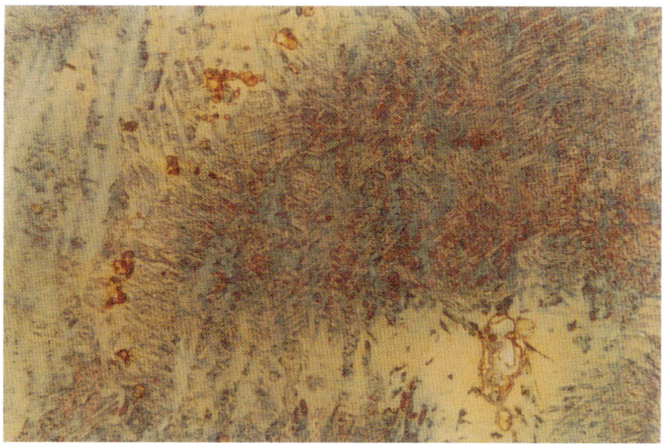

- Bolzenschweißung, vergrößerter Ausschnitt aus dem Schweißgut von Bild 61.
- In der Schweißnaht ist teilweise noch etwas ungelöstes Aluminium (weiß und braun). Das Gefüge besteht aus Bainit, etwas umwandlungsfreiem „Al-Ferrit" und α-Ferrit.

- A stud weld, enlarged detail from the weld metal in Fig. 61.
- In parts, there is still some undissolved aluminium present in the weld metal (white and brown). The structure consists of bainite, some untransformed "aluminium-ferrite" and α ferrite.

64 **30:1**

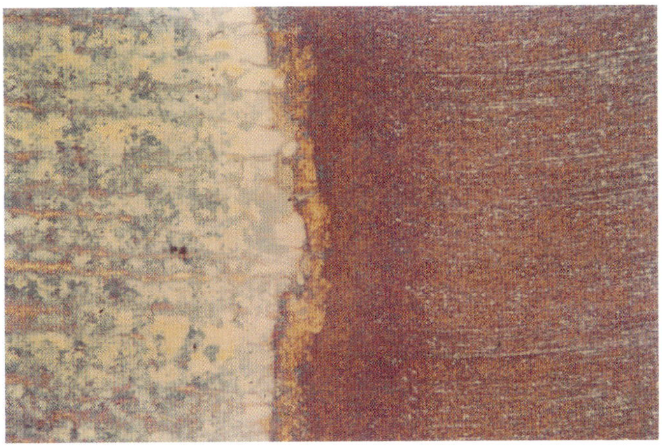

- Reibschweißung mit sehr langsamer Abkühlung nach dem Schweißvorgang, niedriglegierter Stahl und Schnellarbeitsstahl.
- Bei dieser Schweißverbindung hat sich auf der Seite des niedriglegierten Stahles eine C-freie Zone gebildet.

- A friction weld between low-alloy steel and high-speed steel which was cooled very slowly after the welding operation.
- In this welded joint, a zone free of carbon precipitates has formed on the low-alloy steel side..

65 **500:1**

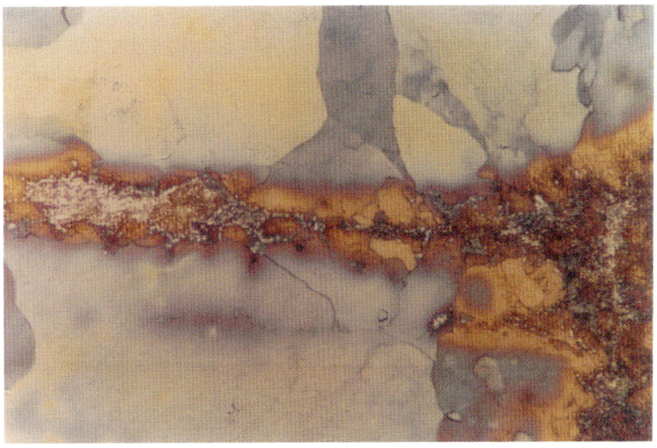

- Reibschweißung zwischen niedriglegiertem Stahl und Schnellarbeitsstahl, vergrößerter Ausschnitt aus Bild 64 (Wärmeeinflusszone).
- In den schwächer angegriffenen Kristallseigerungen (gelb-braun) des niedriglegierten Stahles befinden sich starke Karbidansammlungen (weiß; Gefügestelle aus ferritischer Zone am Übergang).

- A friction weld between low-alloy steel and high-speed steel, enlarged detail from Fig. 64 (heat-affected zone).
- Pronounced concentrations of carbides (white; region of structure from the ferritic zone at the transition) are present in the less darkly etched microsegregations (yellow-brown) in the low-alloy steel.

66 **150:1**

- Schnellarbeitsstahl, weichgeglüht.
- Die zum Teil zeilenförmig vorliegenden Karbide bleiben im Kontrast zur blau-braun gefärbten ferritischen Matrix weiß.

- High-speed steel, soft-annealed.
- The carbides, a proportion of which are present in banded form, have remained white and thus contrast with the blue-brown coloured ferritic matrix.

67 **500:1**

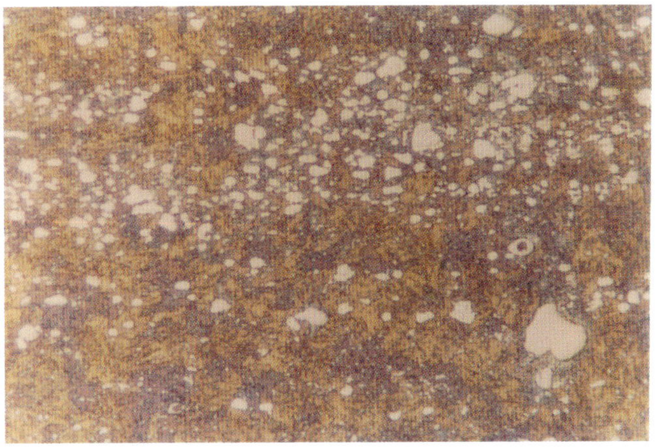

- Schnellarbeitsstahl, weichgeglüht.
- Karbide sind weiß, Ferritkristallite braun-blau gefärbt.

- High-speed steel, soft-annealed.
- The carbides are white and the crystallites of ferrite blue-brown.

3.3 Farbätzen nach Klemm II

Kupferlegierungen und Weichlotverbindungen zwischen Kupfer und Kupferlegierungen

Ätzlösung: 100 ml Stammlösung,
5 g Kaliumdisulfit.

Ätzbedingungen: Die Ätzzeit ist legierungsabhängig; es wird „nassgeätzt“ (siehe 1.5).

3.3.1 Anwendungsbeispiele

Lötverbindungen und Kupferlegierungen

Besonders gut eignet sich dieses Ätzmittel zum Ätzen von Verbindungen zwischen Kupfer und Kupferlegierungen mit Weichloten.

Auch die Diffusionszonen zwischen Hartloten und Kupfer sowie zwischen Löt-Schweiß-Verbindungen und Messing werden besser sichtbar als mit dem Ätzmittel Klemm III (Bilder 68, 69 und 70). In einigen Fällen ist dieses Ätzmittel auch für Kupfer und Kupferlegierungen verwendbar.

So werden zum Beispiel entmischte Zonen in Kupfergusslegierungen oft besser sichtbar als mit dem Ätzmittel Klemm III (Bilder 71 bis 75).

3.3 Klemm II colour etching

Copper alloys and soldered joints between copper and copper alloys

Etching solution:	100 ml of stock solution, 5 g of potassium metabisulphite.	Etching conditions:	The etching time depends on the alloy. Specimens should be “wet etched” (see 1.5).

3.3.1 Some examples of possible applications

Soldered joints and copper alloys

This etchant is particularly suitable for etching soldered joints between copper and copper alloys.

It is also a better means of showing up the diffusion zone between hard solders and copper and between braze welds and brass than the Klemm III etchant (Figs. 68, 69 and 70). In certain cases the present etchant can also be used for copper and copper alloys.

Thus, it is for example often a better means of showing up zones of alloying-element separation in cast copper alloys than the Klemm III etchant (Figs. 71 to 75).

68 **50:1**

- Kupfer gelötet mit Silberlot.
- Diffusionszonen gut erkennbar.

- Copper soldered with silver solder.
- Diffusion zones clearly visible.

69 **500:1**

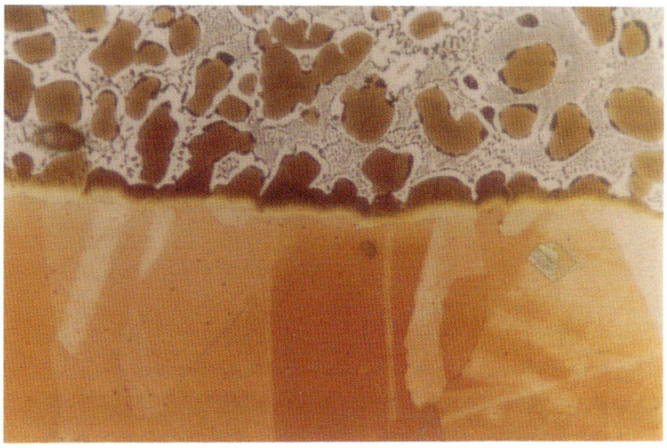

- Hartlötung (Silberlot) auf Kupfer.
- Die Diffusionszone ist klar zu erkennen. Im Kupfer tritt eine schmale gelbe Zone auf.

- Hard-soldering/Brazing (silver solder) to copper.
- The diffusion zone can be clearly seen. A narrow yellow zone is present in the copper.

70 **500:1**

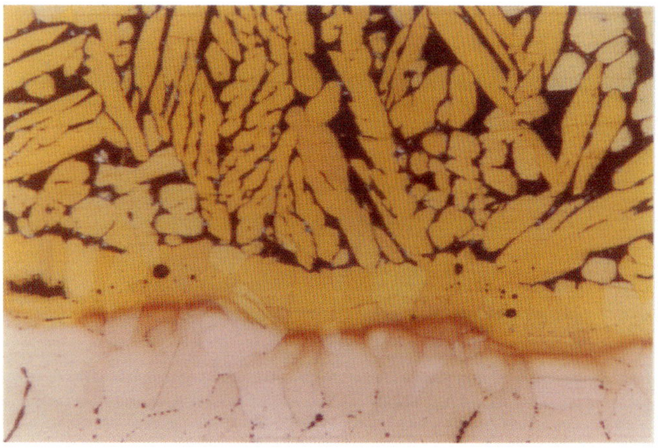

- Schweißlötung aus *α*-*β*-Messing auf „wasserstoffkrankem" Kupfer.
- *α*-Messing bleibt gelb, *β*-Messing wird dunkel gefärbt.

- A braze weld using *α*-*β* copper-zinc brazing alloy to hydrogen embrittled copper.
- The *α* copper-zinc has remained yellow while the *β* copper-zinc has become dark in colour.

71 **30:1**

- Monel-Gefüge (Nickel-Kupfer-Legierung mit etwa 70 % Ni), verformt. Ni-Cu-Mischkristallite.
- Durch die Farbätzung werden die bei der Erstarrung entstandenen dendritischen Kristallseigerungen sichtbar.

- The structure of Monel (nickel-copper alloy containing approx. 70% nickel), formed.
- Crystallites of Ni-Cu solid solution. The colour etching has made visible the dendritic microsegregations produced during solidification.

72 150:1

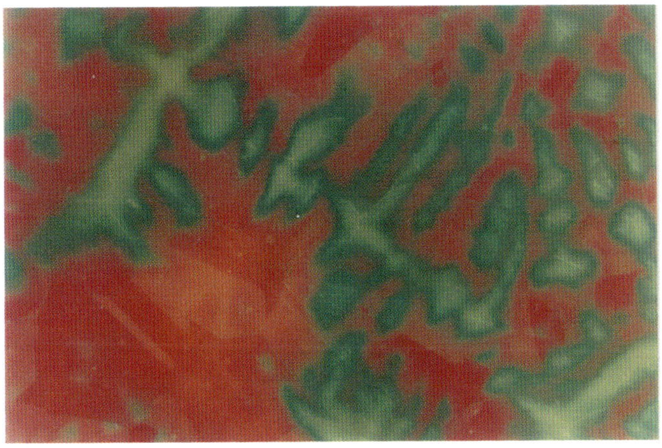

- Monel-Gefüge, verformt, vergrößerter Ausschnitt aus Bild 71.
- Im verformten Sekundärgefüge aus kubisch-flächenzentrierten Mischkristalliten mit Zwillingen werden die zuerst erstarrten nickelreichen Dendriten (blau-grün) des primären Gussgefüges sichtbar (Kristallseigerung).

- Monel structure, formed, enlarged detail from Fig. 71.
- The high nickel dendrites (blue-green, micro-segregations) which solidified first in the primary structure can be seen in the deformed secondary structure consisting of face-centred cubic solid-solution crystallites with twinning.

73 80:1

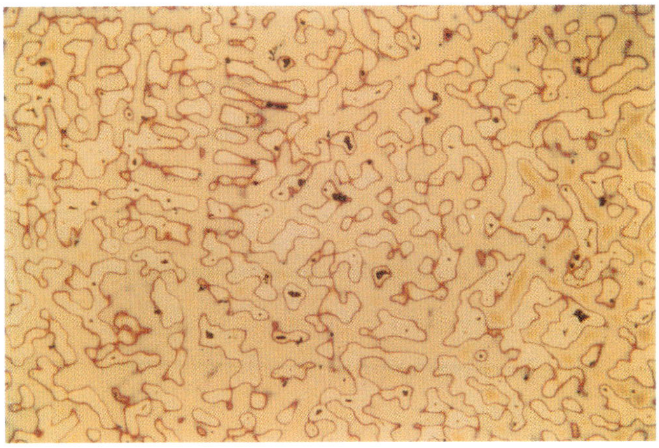

- 5%ige Kupfer-Zinn-Bronze.
- Die bei der Erstarrung entstandenen Inhomogenitäten im Gussgefüge sind nach dem Ätzen gut zu erkennen (Mikrolunker schwarz).

- 5% copper-tin bronze.
- The inhomogeneities in the structure which developed during solidification are clearly apparent after etching (micro pipes black).

74 300:1

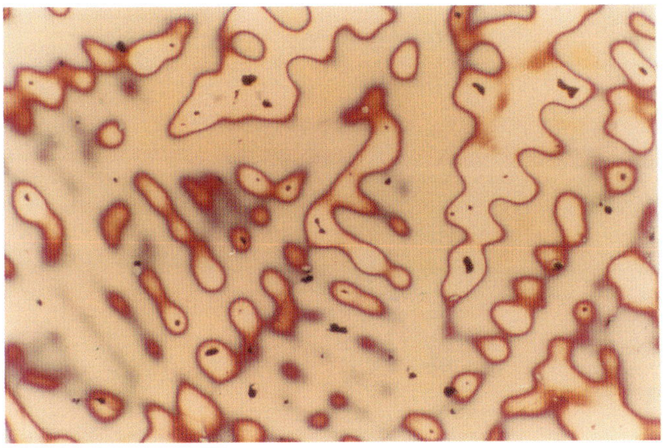

- 5%ige Kupfer-Zinn-Bronze, vergrößerter Ausschnitt aus Bild 73.
- Die Matrix besteht aus Kupfer-Zinn-Mischkristalliten mit starken Kristallseigerungen (dendritisch) und Mikrolunkern (schwarz) in den zuletzt erstarrten Bereichen.

- 5% copper-tin bronze, enlarged detail from Fig. 73.
- The matrix consists of crystallites of copper-tin solid solution containing pronounced microsegregations (dendritic) and micro pipes (black) in the regions which solidified last.

75 300:1

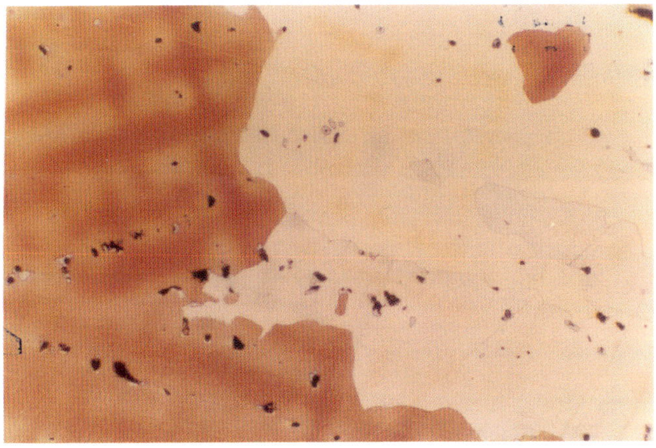

- 5%ige Kupfer-Zinn-Bronze, derselbe Schliff wie in den Bildern 73 und 74, nur in Klemm III geätzt.
- Jetzt werden die groben Mischkristallite sichtbar, wogegen die Kristallseigerungen nur noch schwach zu erkennen sind (Mikrolunker schwarz).

- 5% copper-tin bronze, the same specimen as in Figs. 73 and 74 but etched in Klemm III etchant.
- It is now possible to see the coarse crystallites of solid solution whereas the microsegregations now show up only weakly (micro pipes black).

3.4 Farbätzen nach Klemm III

Kupfer und Kupferlegierungen

Ätzmittel: 20 bis 40 g Kaliumdisulfit,

100 ml destilliertes Wasser,

11 ml Stammlösung.

Sollte sich das Kaliumdisulfit am Anfang nicht vollständig auflösen, kann trotzdem geätzt werden. Meist reichen 20 bis 22 g Kaliumdisulfit zum Ätzen aus.

Ätzbedingungen: 0,5 bis 5 min; „nassätzen" (siehe 1.5). Die Ätzzeit ist stark legierungsabhängig und muss, wenn mehrere Schliffe vergleichbar (nach Zeit) geätzt werden sollen, erst ermittelt werden.

Im Ätzmittel wird die Schlifffläche im Allgemeinen nur trüb, während die Farben erst nach dem Trocknen erscheinen und nach anschließendem kurzzeitigem Liegenlassen noch intensiver werden.

Es kann nicht nachgeätzt werden.

Ultraschallen nach dem Ätzen ist nicht empfehlenswert, da sich die Ätzhäutchen ganz oder teilweise ablösen können.

3.4.1 Anwendungsbeispiele

Reinkupfer und Messing

Je nach Kornorientierung werden die Kristallite bei reinem Kupfer unterschiedlich gefärbt (Bilder 76, 77, 79 und 80). In den Kupferkristallen des E-Kupfers sind Gleitlinienbänder, entstanden durch Kaltverformung gut erkennbar. Cu_2O-Einschlüsse werden nicht angeätzt (Bild 78).

In Gusswerkstoffen, zum Beispiel in Schweißungen, werden möglicherweise vorhandene Entmischungen sichtbar (Bild 80).

Auch die bei Kaltverformung entstandenen Gleitbänder und Verformungslinien sind ohne starken Ätzangriff gut zu erkennen (Bild 77).

Messing

Während die α-Mischkristallite ihre gelbliche Farbe behalten, färben sich die ß-Mischkristallite in α-ß-Legierungen unterschiedlich bunt (Bilder 81 bis 83).

Die Bleieinschlüsse in Automaten-Messing werden nicht angegriffen (Bild 82).

Die Kappa-Phase im Sondermessing erscheint noch etwas leuchtender blau als in ihrer Eigenfarbe (Bild 83).

3.4 Klemm III colour etching

Copper and copper alloys

Etchant: 20-40 g of potassium metabisulphite,

100 ml of distilled water,

11 ml of stock solution.

Etching may be carried out even if the potassium metabisulphite does not initially dissolve completely. Generally 20-22 g of potassium metabisulphite are sufficient for etching.

Etching conditions: 0.5-5 minutes; “etch wet” (see 1.5). The etching time very much depends on the alloy and if a number of specimens are to be etched to comparable degrees (by time) it should be determined beforehand.

In the etchant the ground face will generally simply cloud over and the colours will not appear until after drying. If the specimen is then left to stand for a short time, they will become even more intense.

Specimens cannot be re-etched.

Ultrasonic cleaning after etching is not to be recommended as this can partially or completely remove the etch skin.

3.4.1 Some examples of possible applications

Pure copper and brass

Depending upon their Orientation, the crystallites in pure copper take on different colorations (Figs. 76,77, 79 and 80). In the copper crystals of E-copper, slip line bands caused by cold forming are clearly recognizable. Cu_2O inclusions are not etched (Fig. 78).

In melted materials, e. g. in welds, it is possible to show up any separations of constituents which may be present (Fig. 80).

The slip bands and deformation lines produced by the cold forming are also readily visible after only mild etching (Fig. 77).

Brass

Whereas α-solid solution retains its yellowish colour, the ß-solid solution in the α-ß-alloys vary in colour (Figs. 81 to 83).

The lead inclusions in machining brass are not attacked (Fig. 82).

The kappa phase in the special brass appears slightly brighter blue than in its own color (Fig. 83).

76 **150:1**

- Reinkupfer.
- Je nach ihrer Orientierung zur Schliffoberfläche werden die Kupferkristallite unterschiedlich gefärbt.

- Pure copper.
- Depending upon their Orientation to the surface of the specimen, the copper crystallites take on different colorations.

77 **150:1**

- Reinkupfer, stark kaltverformt.
- Kupferkristallite mit Gleitbändern und Verformungszwillingen.

- Pure copper, severely cold-formed.
- Copper crystallites with slip bands and deformation twins.

78 **200:1**

- E-Cu kaltverformt mit Ausscheidungen von Cu_2O.
- Gleitlinienpakete in den Kupferkristallen.

- E-Cu cold-formed with precipitates of Cu_2O.
- Slip line packages in the copper crystals.

79 **80:1**

- Elektronenstrahlschweißung an Rein-Cu; Übergang Schweißgut (links) – Grundwerkstoff (rechts); im Grundwerkstoff Zwillinge durch Warmverformung, im Schweißgut stängelige Kupferkristallite.

- Electron beam welding on pure Cu; transition between weld metal (left) and base metal (right); twins in the base metal due to hot deformation, in the weld metal rod-like copper crystallites.

80 **50:1**

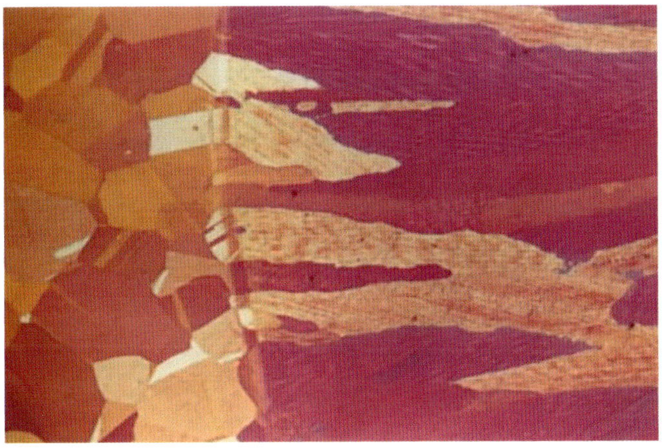

- Reinkupfer, WIG-geschweißt.
- Zwillingsstreifen im warmverformten Grundwerkstoff (links).
- Stängel-Kristalle mit dendritischen Kristallseigerungen im Schweißnahtgefüge (rechts).

- Pure copper, TIG welded.
- Twin stripes in the hot-formed base material (left).
- Stem crystals with dendritic crystal segregations in the weld seam microstructure (right).

81 **150:1**

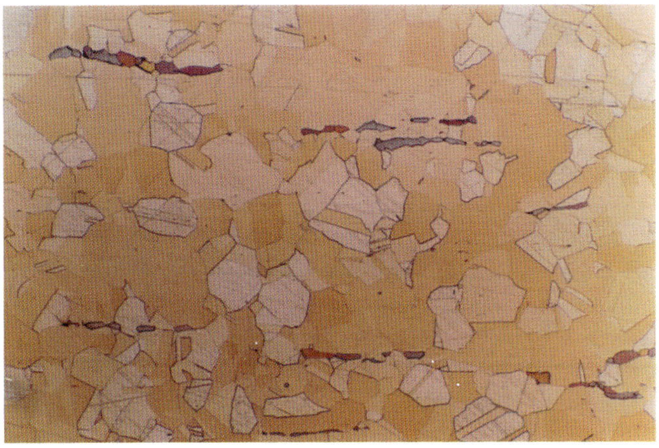

- α-Messing mit geringem β-Anteil.
- Die wesentlich stärker gefärbten β-Mischkristallite (zeilenförmig) sind gut von den α-Mischkristalliten der Matrix zu unterscheiden.

- α brass with a small proportion of β brass.
- The considerably darker crystallites of β solid solution (banded) are clearly distinguishable from the crystallites of α solid solution forming the matrix.

82 **150:1**

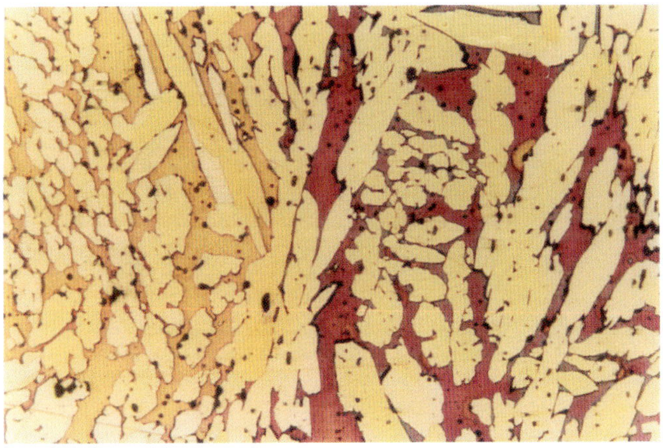

- α-β Automatenmessing.
- Die β-Mischkristallite werden unterschiedlich bunt gefärbt, die α-Mischkristallite (gelb) und die Bleieinschlüsse (dunkelgrau) werden nicht angegriffen.

- α-β machine brass//machined brass.
- The crystallites of β solid solution are variegated in colour while the crystallites of α solid solution (yellow) and the lead inclusions (dark grey) have not been etched.

83 **200:1**

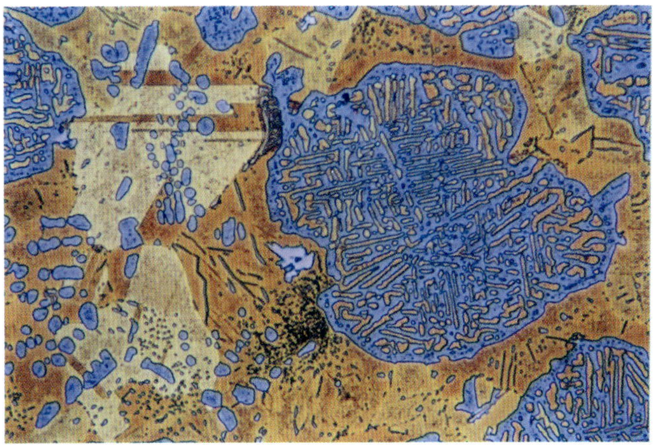

- Sondermessing.
- α-Mischkristalle mit Zwillingsstreifen und Kappa-Phase blau.

- Special brass.
- α-mixed crystals with twin stripes and kappa blue phase.

Bronze

Durch orientierungsabhängige Anfärbung sind die Kristallite in gegossenen Kupfer-Zinn-Legierungen gut zu erkennen (Bilder 84 bis 87).

Da das α-δ-Eutektoid nicht gefärbt wird, kann man es in Größe und Verteilung leicht von den α-Mischkristalliten (in den Bildern 84 bis 86 primäre Dendriten) unterscheiden.

Lötverbindungen

Diffusionszonen zwischen Kupferloten und Kupfergrundwerkstoffen lassen sich ebenfalls gut nachweisen (Bild 91).

Entmischungen in α-Mischkristalliten werden deutlich sichtbar, während intermetallische Phasen überhaupt nicht angegriffen werden, sondern in ihrer natürlichen Eigenfarbe erhalten bleiben (Bilder 84 bis 87, 89 und 90).

Obige Angaben gelten auch für Rotguss und Sonderbronzen (Aluminium- und Berylliumbronze) (Bild 88).

Bronze

The crystallites in cast copper-tin alloys are clearly distinguishable due to their Orientation dependent coloration (Figs. 84 to 87).

Because the **α-δ** eutectoid does not colour up, it is easy to distinguish from the crystallites of **α** solid solution (in Figs. 84 to 86, primary dendrites) in respect of extent and distribution.

Brazed joints

The diffusion zones between copper based brazing alloys and copper base metals can also be clearly observed (Fig. 91).

Areas of separation in crystallites of **α** solid solution become clearly visible, while inter-metallic phases are not etched at all and instead retain their natural coloration (Figs. 84 to 87, 89 and 90).

What is said above also applies to gun metal and special bronzes (aluminium and beryllium bronzes) (Fig. 88).

84 **150:1**

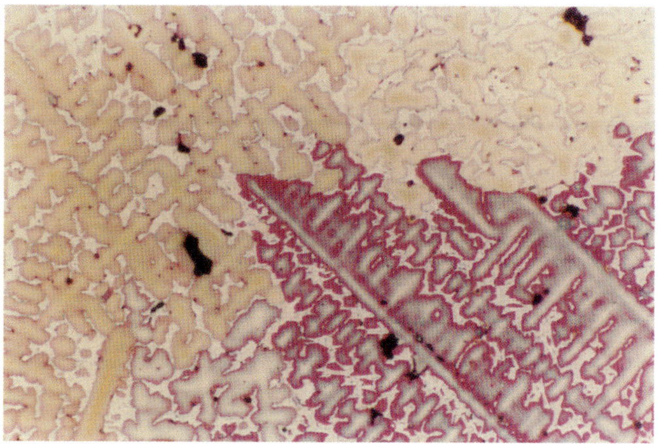

- Lagerschale mit etwa 12 % Sn.
- Die groben Mischkristallite mit den dendritischen Kristallseigerungen färben sich unterschiedlich an.
- Die δ-Matrix des α-δ-Eutektoids bleibt weiß.

- A bearing liner containing approx. 12% Sn.
- The coarse crystallites of solid solution containing dendritic microsegregations have taken on different colorations.
- The δ matrix of the α-δ eutectoid has remained white.

85 **500:1**

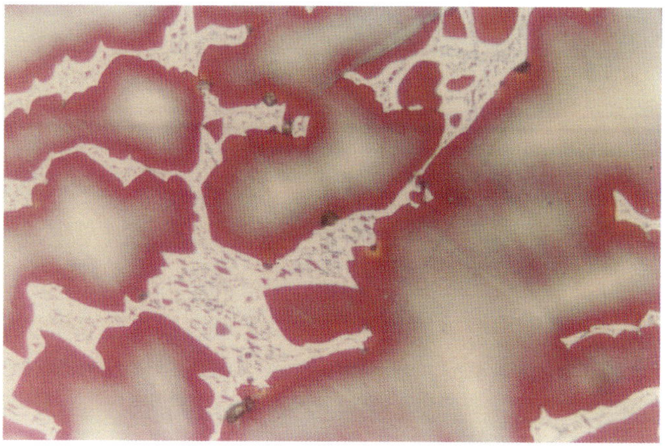

- Lagerschale mit etwa 12% Sn, vergrößerter Ausschnitt aus Bild 84. Sowohl die primären α-Mischkristallite (inhomogene Dendriten) als auch die α-Mischkristallite des α-δ-Eutektoids werden gefärbt.

- A bearing liner containing approx. 12% Sn, enlarged detail from Fig. 84. Both the primary crystallites of a solid solution (non-homogeneous dendrites) and also the crystallites of α solid solution in the α-δ eutectoid have coloured up.

86 **150:1**

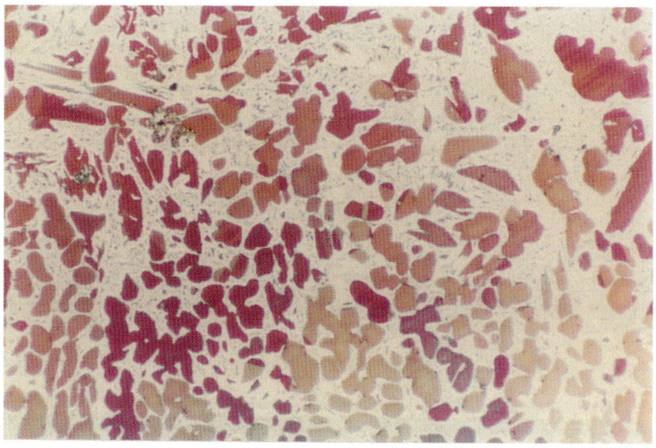

- Glockenguss mit etwa 20% Sn.
- Das Gefüge besteht etwa zu gleichen Teilen aus primären α-Dendriten und α-δ-Eutektoid. Durch die gefärbten Mischkristallite ist eine Unterscheidung gut möglich.

- Cast bell metal containing approx. 20% Sn.
- The structure consists of primary α dendrites and α-δ eutectoid in approximately equal proportions. The coloured crystallites of solid solution enable the constituents to be clearly distinguished.

87 **150:1**

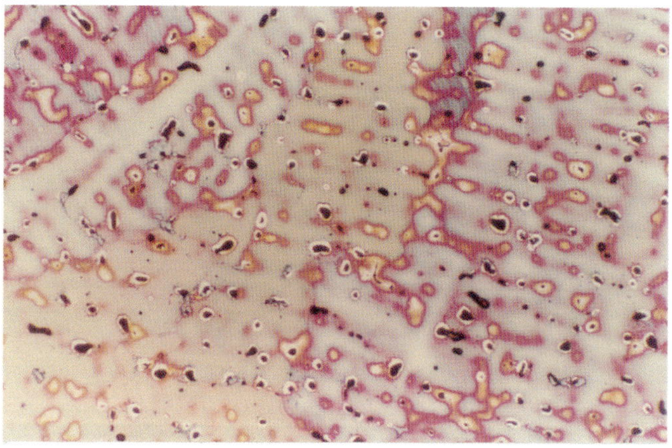

- Rotguss.
- Unterschiedlich gefärbte Mischkristallite mit inhomogenen Dendriten. Die Bleieinschlüsse werden nicht angegriffen.

- Gun metal.
- Differently coloured crystallites of solid solution containing non-homogeneous dendrites. The lead inclusions have not been etched.

88 **150:1**

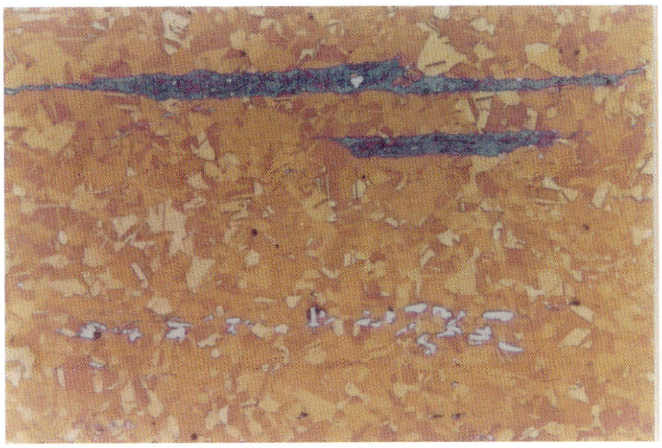

- Berylliumbronze mit etwa 2 % Be, lösungsgeglüht und abgeschreckt.
- Die Grundmasse aus α-Mischkristalliten wird im Gegensatz zu den „blauen" β-Mischkristalliten nur schwach gefärbt.
- Trotz des Lösungsglühens liegen an einigen Stellen noch Cu-Be-Ausscheidungen in ihrer Eigenfarbe (hellblau) im Gefüge vor.

- Beryllium bronze containing approx. 2% Be, solution-annealed and quenched.
- In contrast to the "blue" crystallites of β solid solution, the matrix of α crystallites has taken only a slight colouring.
- In spite of the solution annealing, CuBe precipitates can still be seen in the structure at certain points in their natural colour (light blue).

89 **350:1**

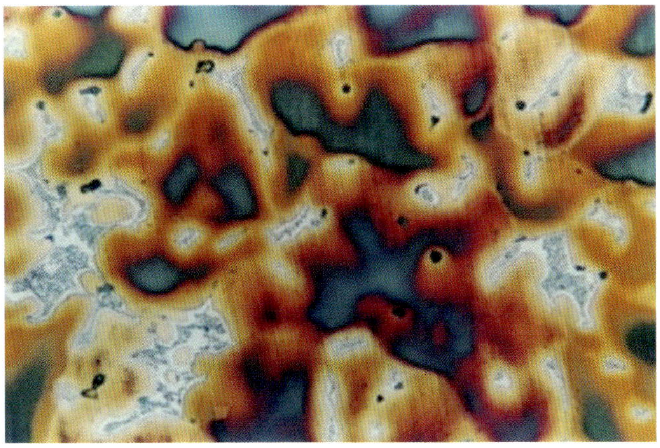

- Zinnbronze mit 20% Zinn, Gussgefüge.
- Kupfermischkristalle blau-gelb-bunt, α-δ-Eutektoid netzwerkartig.
- δ -Phase weiß gemustert.

- Tin bronze with 20% tin, cast structure.
- Mixed copper crystals blue-yellow-multicolored, α-δ-eutectoid network-like.
- δ -phase white patterned.

90 **200:1**

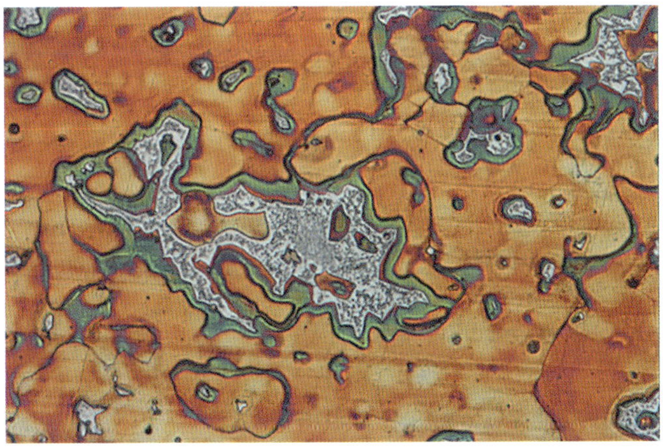

- Zinnbronze mit 12% Zinn.
- Gussgefüge.
- Kupfermischkristalle bunt mit α-δ-Eutektoid netzwerkartig.

- Tin bronze with 12% tin.
- Cast structure.
- Copper solid solution coloured with α-δ-eutectoid networked

91 **500:1**

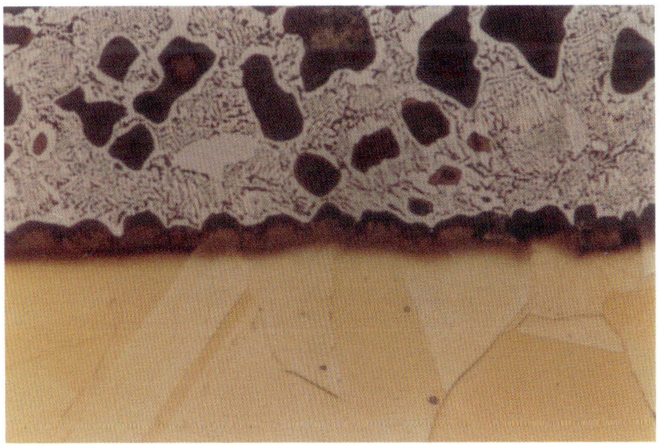

- α-Messing, gelötet.
- Die Diffusionszone zwischen Lot und Grundwerkstoff ist gut zu erkennen.

- α brass, brazed.
- The diffusion zone between the brazing alloy and the base metal can clearly be seen.

Schweißverbindungen

Da das Ätzmittel sehr neutral ist, sind an allen Verbindungen zwischen Kupfer und anderen Metallen, außer Stahl, die Kupferseiten anfärbbar, ohne dass die anderen Werkstoffe angegriffen werden (Bilder 92 bis 99).

Bei Kupfer-Stahl-Verbindungen sind die Farbätzmittel Klemm I oder II vorzuziehen, da sonst der Stahl zu stark gefärbt wird.

Bei Kupfer-Aluminium-Verbindungen kann das Aluminium zuerst mit einem Aluminiumätzmittel (siehe „Metallographische Anleitung zum Farbätzen nach dem Tauchverfahren" Teil III) angeätzt und nach Abspülen mit Wasser die Kupferseite in Klemm III angefärbt werden.

Welded joints

Because the etchant is very neutral, the copper half of the joint can be coloured in all joints between copper and other metals, except steel, the copper half of the joint can be coloured without the other material being attacked (Figs. 92 to 99).

In joints between copper and steel it is preferable to use the Klemm I or II etchants as otherwise the steel will be too highly coloured.

In joints between copper and aluminium, the aluminium can be etched first using an aluminium etchant (see "Metallographic instructions for colour etching by immersion" Part III) and, after rinsing with water, the copper half of the joint may then be coloured with Klemm III etchant.

92 150:1

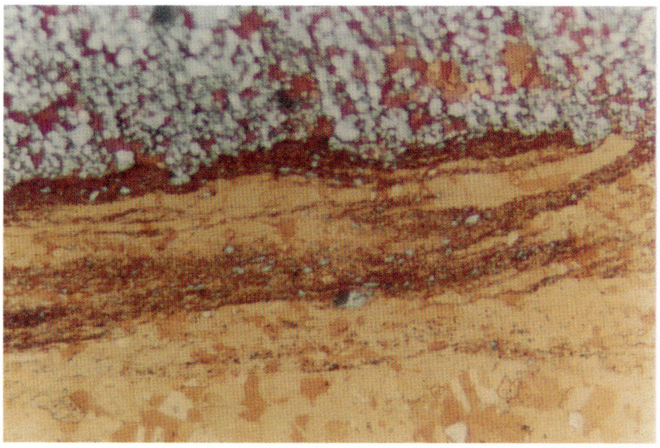

- Reibschweißung zwischen E-Kupfer und Sintermetall aus Kupfer-Wolframkarbid.
- Die Wolframkarbide werden nicht gefärbt. An dieser Stelle der Reibschweißung haben sich im E-Kupfer starke Schlieren gebildet.

- A friction weld between electrolytic copper and sintered copper from tungsten carbide.
- The tungsten carbide has not coloured. Pronounced streaks have formed in the electrolytic copper at this point in the friction weld.

93 500:1

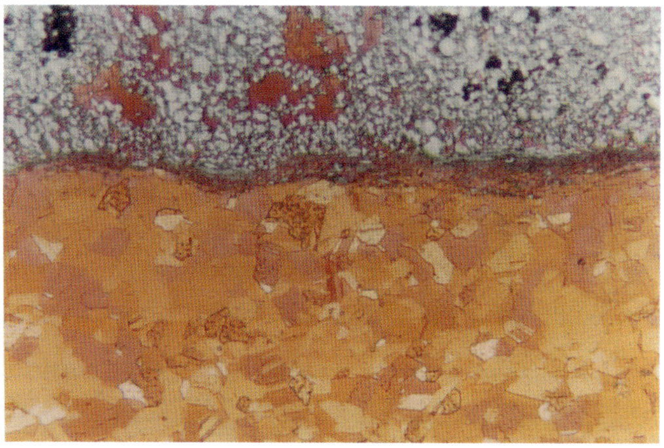

- Reibschweißung zwischen E-Kupfer und Sintermetall Kupfer-Wolframkarbid, derselbe Schliff wie in Bild 92.
- Die Wolframkarbide wurden nicht gefärbt. In diesem Bereich der Reibschweißung war die Schlierenbildung im E-Kupfer nur schwach.

- A friction weld between electrolytic copper and sintered copper and tungsten carbide, the same specimen as shown in Fig. 92.
- The tungsten carbide has not coloured. The streaking in the electrolytic copper was only slight in this region of the friction weld.

94 150:1

- Reibschweißung zwischen Kupfer und Nickel.
- Nickel wird nicht angegriffen.
- Im Kupfer treten starke Verformungen und nickelreiche Schlieren auf.

- A friction weld between copper and nickel.
- The nickel has not been etched.
- Severe deformation and nickel-rich streaks are apparent in the copper.

95 150:1

- Reibschweißung zwischen Kupfer und Nickel, derselbe Schliff wie in Bild 94, nur in Klemm II geätzt.
- Die beim Reibschweißen entstandene Mischzone zwischen Kupfer und Nickel zeigt je nach Nickel-Konzentration unterschiedliche Anfärbung.

- A friction weld between copper and nickel, the same specimen as in Fig. 94 but etched in Klemm II etchant.
- Depending upon the nickel concentration, the zone of mixed copper and nickel produced by the friction welding shows different colorations.

96 **80:1**

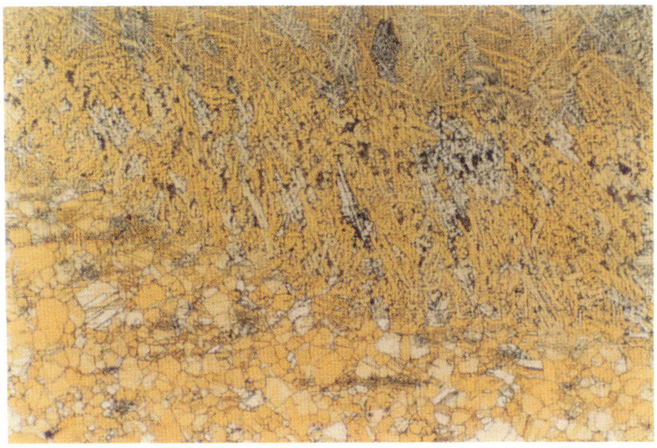

- Punktschweißung an α-Messing.
- In der Wärmeeinflusszone und Schweißlinse hat sich neben α-Messing β-Messing gebildet.

- A spot-weld to α brass.
- In addition to α brass, β brass has also formed in the heat affected zone and the weld nugget.

97 **500:1**

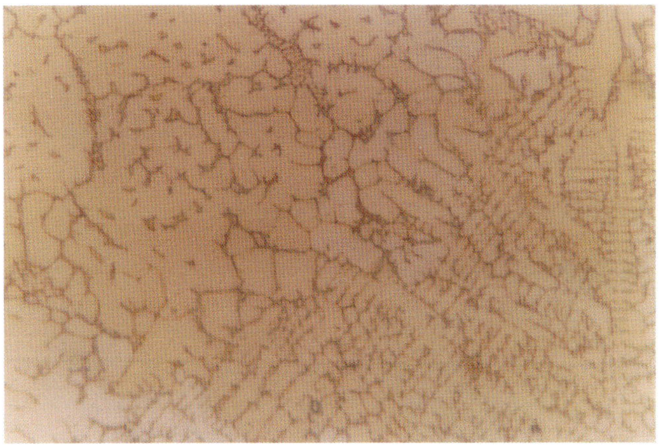

- Punktschweißung an α-Messing, vergrößerter Ausschnitt aus Bild 96.
- In der Wärmeeinflusszone und im Schweißgut haben sich β-Mischkristallite (hier dunkler gefärbt) ausgeschieden.

- A spot weld to α brass, enlarged detail from Fig. 96.
- Crystallites of β solid solution (darker in colour in the present case) have precipitated in the heat affected zone and weld metal.

98 **150:1**

- Diffusionsschweißung zwischen Kupfer und Aluminium.
- In der Schweißebene haben sich aluminiumreiche Verbindungen gebildet, die aber nicht gefärbt werden.

- A diffusion weld between copper and aluminium.
- Aluminium-rich compounds have formed in the plane of the weld but have failed to take on colour.

99 **500:1**

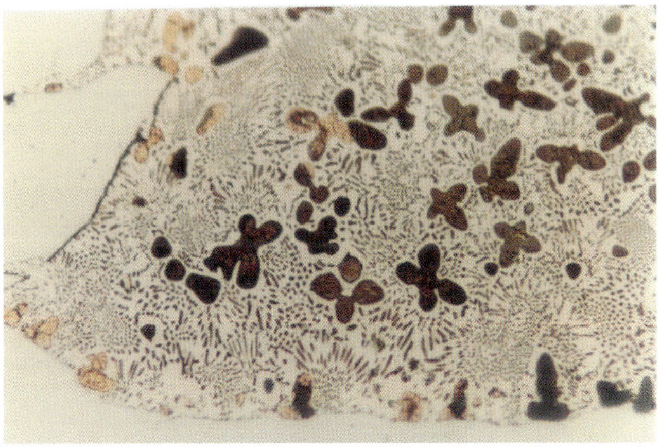

- 18/8 Cr-Ni-Stahl mit Silberlot.
- Der austenitische Stahl wird nicht gefärbt. Am Übergang zum 18/8 Cr- Ni-Stahl befindet sich ein Bindefehler (schwarze Linie links im Bild). Im Lot haben sich primäre kupferreiche Mischkristallite ausgeschieden (kupferrot).

- 18/8 Cr-Ni steel and silver solder.
- The austenitic steel has not coloured. At the transition to the 18/8 Cr- Ni steel a lack of adhesion has occurred (the black line on the left of the photograph). Primary crystallites of high copper solid solution (copper red) have precipitated in the solder.

4 Schrifttum

References

Beckert/Klemm: Handbuch der metallographischen Ätzverfahren. 4. Auflage, VEB Deutscher Verlag für Grundstoffindustrie, Leipzig 1984.

Beraha, E., und B. Shpigler: Color Metallography. American Society for Metals, Metals Park, Ohio 44073 (August 1977).

Bühler, H. E., und H. P. Hougardy: Atlas der Interferenzschichten-Metallographie. Fachausschuss Metallographie, DGM, Oberursel 1979.

Klemm, H.: Zum Nachweis der infolge Überhitzung oder Verbrennung geschädigten Korngrenzen. Praktische Metallographie (1965), S. 64.

Klemm, H.: Anwendungsmöglichkeiten des Natriumthiosulfat-Verfahrens. Praktische Metallographie (1969), S. 163.

Klemm, H.: Zum Nachweis der Umwandlungsseigerungen. Praktische Metallographie (1969), S. 159.

Petzow, G.: Metallographisches, Keramographisches, Plastographisches Ätzen. 6. überarbeitete Auflage. Gebrüder Borntraeger, Berlin/Stuttgart 1994.

Weck, E., und E. Leistner: Metallographische Anleitung zum Farbätzen nach dem Tauch verfahren, Teil II: Farbätzmittel nach Beraha und ihre Abwandlungen. DVS Media GmbH, Düsseldorf 2023, 2., überarbeitete Auflage (fachliche Überarbeitung G. Weilnhammer)

Weck, E., und E. Leistner: Metallographische Anleitung zum Farbätzen nach dem Tauch verfahren, Teil III: Nichteisenmetalle, Hartmetalle und Eisenwerkstoffe, Nickel-Basis- und Kobalt-Basis-Legierungen. Deutscher Verlag für Schweißtechnik, Düsseldorf 1986.

Notizen

Notes

Notizen

Notes